Karl Kruszelnicki
Warum Enten Dialekt sprechen

W0034059

PIPER

Zu diesem Buch

Wie bringen Mikrowellen das Essen eigentlich zum Kochen? Ist die Sonne wirklich gelb? Und welches ist der verkeimteste Platz im Büro? Der Physiker und Wissenschaftskomödiant Karl Kruszelnicki hat in seinem Buch ebenso überraschende wie erhellende Antworten auf allerlei naturwissenschaftliche Alltagsfragen zu bieten. So klärt er uns auf über Knöchelknacken und Cellulite, kichernde Enten und vergessliche Goldfische, hartnäckige Geburtsmythen und ominöse Wahrheitsseren und vieles mehr. Mit diesem Buch wird Naturwissenschaft zum Vergnügen.

Karl Kruszelnicki, für seine Fans »Dr. Karl«, geboren 1948 in Helsingborg als Sohn polnischer Eltern, ist Professor für Physik in Sydney. Mit Radioshows und Wissenschafts-Comedy macht er Naturwissenschaft populär. Weil er damit besonders auch junge Menschen begeistert, wurde er 2003 »Australiens Vater des Jahres«. Er hat mehr als zwanzig Bücher geschrieben.

Karl Kruszelnicki

Warum Enten Dialekt sprechen

und andere kuriose Phänomene aus der Wissenschaft

Aus dem Englischen von Friedrich Griese

Piper München Zürich

Mehr über unsere Autoren und Bücher:
www.piper.de

Deutsche Erstausgabe
Juli 2013
© 2004 by Dr. Karl Kruszelnicki
Titel der australischen Originalausgabe:
»Great Mythconceptions: cellulite, camel humps and chocolate zits.«
First published by HarperCollins Publishers, Sydney, Australia 2004. This
edition published by arrangement with HarperCollins Publishers Pty Ltd.
© der deutschsprachigen Ausgabe:
2013 Piper Verlag GmbH, München
Umschlaggestaltung: semper smile, München
Umschlagabbildung: shutterstock/Bastetamon
Satz: Kösel, Krugzell
Gesetzt aus der Quadraat
Papier: Munken Print von Arctic Paper Munkedals AB, Schweden
Druck und Bindung: CPI – Clausen & Bosse, Leck
Printed in Germany   ISBN 978-3-492-30274-6

Für Ganesha, den Gott der Überwindung von Hindernissen.
Danke, dass du uns heil aus dem Himalaya herausgebracht hast.

Inhalt

Schmutziger Schreibtisch　9

Nikotinarme Zigaretten　13

Das Gedächtnis des Goldfisches　17

Cellulite　21

Einstein ein Schulversager　25

Ganz weiß, meine Sonne　31

Der Ventilator kühlt den Raum　33

Blind durch Sonnenfinsternis　37

Die Betäubungsbombe　41

Mount Everest ist nicht der höchste　45

Selbstmord der Lemminge　49

Seitenstechen　55

Tödliches Aspartam in Diätgetränken　59

Die Blackbox　63

Das Quaken der Ente macht kein Echo　67

Lichtanmachen schadet nicht　71

Katzenjahre　75

Im Bleistift ist kein Blei　79

Milch erzeugt Schleim　85

Pfusch bei Tampons　89

Hindenburg und Wasserstoff　93

Krebs durch Antitranspirant　97

Dinosaurier und Höhlenmenschen　101

Wachstumsschübe　105

Wahrheitsserum　109

Nägel und Haare von Toten wachsen weiter   113
Mensch auf dem Mond – eine Fälschung   115
Kamelhöcker   121
Waffenschalldämpfer   125
Knöchelknacken und Arthritis   129
Der Fluch des Königs Tut   131
Zombies   137
Geschirrspüler schlechtgemacht   141
Aluminium und Alzheimer   145
Das Bermudadreieck   149
Beten macht gesund   155
Mikrowellen kochen von innen heraus   159
Schizophrenie und gespaltene Persönlichkeit   163
Pyramidenbau   167
Astrologie   171
Nutzen Sie Ihr Gehirn   175
Quantensprung   179
Weiße Flecken auf den Fingernägeln   183
Der Bibel-Code   187
Schokolade macht Pickel   191
Mythen um die Geburt   195
Uluru unter der Lupe   199
Typhoid Mary   203
Einwegspiegel   209
CD-SCHROTT   213
21 Gramm   217
Zerebralparese und Geburt   221
Quellenverzeichnis   227

Schmutziger Schreibtisch

Wenn es im Büro ein bisschen hektisch wird, schlingt man schon mal schnell am Schreibtisch ein Sandwich herunter. Dagegen würde keiner auch nur im Traum daran denken, von der Klobrille zu essen, denn jeder »weiß«, dass Klobrillen »schmutzig« und voller Keime sind. Tatsache ist aber, dass Schreibtische pro Quadratzentimeter fünfzigmal mehr Bakterien aufweisen als Klobrillen!

Herausgefunden hat dies Dr. Charles Gerba, Mikrobiologe an der Universität von Arizona, auch »Dr. Keim« genannt. In den letzten dreißig Jahren hat er in wissenschaftlichen Zeitschriften rund vierhundert Artikel über Infektion und Desinfektion veröffentlicht.

Er löste die Probleme der National Science Foundation mit der Abwasserbehandlung auf der McMurdo-Station in der Antarktis. Er beriet sowohl die NASA als auch die Russen mit ihrer Raumstation Mir in Fragen des Wasserrecyclings. Außerdem identifiziert er sich so sehr mit seiner Arbeit, dass er als zweiten Vornamen für seinen erstgeborenen Sohn den Namen Escherichia wählte, also das »E« in E. coli, der wissenschaftlichen Bezeichnung des berühmten Fäkalbakteriums. Widerstände der Verwandtschaft überwand er dadurch, dass er seinem Schwiegervater erzählte, Escherichia sei der Name eines Königs im Alten Testament.

Von Juni bis August 2001 suchten er und seine Mitarbeiter nach fünf Arten von Bakterien: E. coli, *Klebsiella pneu-*

moniae, *Streptococcus*, *Salmonella* und *Staphylococcus aureus*. Untersucht wurden Büroräume in vier Städten der Vereinigten Staaten: New York City, San Francisco, Tampa und Tucson. An fünf aufeinanderfolgenden Tagen wurden dreimal täglich Proben von zwölf verschiedenen Oberflächen genommen: Schreibtischplatte, Telefonhörer, Computermaus, Computertastatur, Fahrstuhlknopf, Starttaste des Kopierers, Oberfläche des Kopierers, Klobrille, Faxgerät, Türgriff des Kühlschranks und Griff des Wasserhahns. Man wollte messen, wie sich die Reinigung der Oberfläche auswirkte. An den einzelnen Standorten benutzte eine Gruppe von Angestellten Desinfektionstücher zur Reinigung der Oberflächen, mit denen sie arbeiteten, eine Kontrollgruppe dagegen nicht. (Die Untersuchung wurde teilweise von der Firma Clorox finanziert, die Desinfektionstücher herstellt.)

Die Ergebnisse waren überraschend. Am schmutzigsten waren, gemessen an der Zahl der Bakterien pro Quadratzoll (25,4 mm²), die Telefonhörer: 25 127 – wahrscheinlich, weil mehrere Personen gemeinsam dasselbe Telefon benutzten. Es folgte der Schreibtisch mit 20 961, die Computertastatur mit 3295 und die Computermaus mit 1676. Am geringsten war mit 49 Bakterien pro Quadratzoll die Oberfläche der Klobrille verunreinigt – sie war rund vierhundertmal sauberer als die Schreibtischplatte. Laut Gerba »leben die Bakterien auf der Schreibtischplatte wirklich wie die Maden im Speck. Sie können sich den ganzen Tag am Frühstück, am Mittagessen und sogar am Abendessen gütlich tun.« Wenn Sie im Büro arbeiten, ist Ihr Schreibtisch also der zweit»verkeimteste« Platz.

Pat Rusin von der Universität von Arizona ist sich nicht sicher, warum gerade die von allen benutzte Klobrille, auf der man die größtmögliche Aktivität von Bakterien erwarten würde, am saubersten ist. Er sagte: »Wir fanden heraus, dass die Klobrille immer am saubersten ist, und überlegen noch, woran das liegt.« Einer Hypothese zufolge eignen sich Klobrillen nicht für eine große Bakterienpopulation, weil sie zu trocken sind.

Wenn man sich die Mühe machte, die antibakteriellen Tücher der Sponsorenfirma zu benutzen, konnte – und das war das zweite bedeutende Ergebnis – die Zahl der Bakterien um 99,9 Prozent gesenkt werden.

Nun, auch wenn ich jetzt weiß, dass die Klobrille weniger Bakterien aufweist als der Schreibtisch, werde ich aber trotzdem nicht meinen nächsten Imbiss auf der Toilette verzehren. Vielleicht mache ich einen Kompromiss und wische meinen Schreibtisch ab, aber nicht mit einem verkeimten Schwamm (10 000 Bakterien pro Quadratzoll), sondern mit einem sauberen Wegwerftuch.

Toilette mit offenem oder geschlossenem Deckel spülen?

Dr. Gerba hat bei der Untersuchung der Keime im Haushalt auch herausgefunden, wie man die Toilette spülen sollte: mit geschlossenem Deckel.

Bei offener Toilettenschüssel steigt beim Spülen eine mit Bakterien verunreinigte Fahne Wasserdampf auf. Die verkeimte Auswurfsmasse vergleicht er mit »Bagdad bei Nacht während eines amerikanischen Luftangriffs«. Bis sich alle verunreinigten Wasserteilchen gesetzt haben, schweben sie einige Stunden im Badezimmer. Einige werden sich sogar auf Ihrer Zahnbürste niederlassen.

Die höchste Keimzahl im Haushalt fand Dr. Gerba in der Küche, und zwar im Reinigungsschwamm, gefolgt von der Spüle. Von fünfzehn Stellen im Haushalt wies die Klobrille die geringste Bakterienzahl auf. »Ein Außerirdischer«, sagte Dr. Gerba (vielleicht nicht ganz ernst gemeint), »würde, wenn er nach der Zahl der Bakterien ginge, vermutlich zu dem Schluss kommen, dass er sich die Hände in Ihrer Toilette waschen und in Ihre Spüle scheißen sollte.«

Falls sich Ihre Toilette im Badezimmer befindet und Sie bei offenem Deckel spülen, putzen Sie sich die Zähne wahrscheinlich mit Toilettenwasser. Das sollte man wohl vor allem den Männern in Ihrem Haushalt sagen, damit sie den Deckel schließen ...

Nikotinarme Zigaretten

Rund 90 Prozent aller Raucher wissen, dass Rauchen ihrer Gesundheit schadet, und rund 60 Prozent möchten aufhören, schaffen es aber nicht. Jeder Arzt bekommt ungefähr einmal pro Woche zu hören: »Herr Doktor, ich rauche ja schon weniger. Ich bin jetzt zu nikotinarmen Zigaretten übergegangen.« Diese bedauerlichen Menschen sind dem Mythos auf den Leim gegangen, dass sie mit diesen Zigaretten weniger Nikotin aufnehmen.

Nikotin ist ein Suchtmittel. Es macht sogar extrem süchtig. Nehmen wir die Raucher, denen wegen einer durch ihre Sucht bedingten Krankheit der Kehlkopf entfernt wurde, ein schwerwiegender Eingriff. Dennoch fangen 40 Prozent dieser Patienten, sobald sie sich von der Operation erholt haben, wieder an zu rauchen.

Die Tabakfirmen könnten nikotinfreie Zigaretten herstellen, aber das werden sie nicht tun, denn die würde keiner kaufen. Ein Kokainsüchtiger hat ja auch nichts davon, wenn er stattdessen Zucker nimmt. Süchtige Raucher brauchen ihre Nikotindosis.

Die Zigarette ist ein unglaublich wirksames Mittel der Suchtmittelzufuhr – zum Glück für die Tabakfirmen. Innerhalb von elf Sekunden nach Inhalieren des Rauchs liefert sie dem Gehirn genau die Dosis Nikotin, die zur Aufrechterhaltung der Sucht erforderlich ist. Damit jemand süchtig wird, muss die Zeit zwischen der Handlung (an der

Zigarette ziehen) und der Belohnung (Nikotin im Gehirn) sehr kurz sein. Eine Zigarette ist da genau das Richtige. Nebenbei bemerkt, enthält jeder Milliliter Blut eines durchschnittlichen Rauchers etwa 40 Milliardstel Gramm Nikotin.

Nikotin kann je nach Dosis gegensätzliche Wirkungen haben. In geringen Dosen regt es das Denken an und steigert Herzrate und Blutdruck. In großen Mengen beruhigt es und lässt die Herzrate sinken. Um eine geringe beziehungsweise eine große Dosis zu bekommen, passen viele Raucher die Heftigkeit und die Häufigkeit, mit der sie an der Zigarette ziehen, unbewusst an.

Bewirken nikotinarme Zigaretten einen niedrigen Nikotinspiegel? Ja, aber nur wenn sie an einer Saugmaschine getestet werden. Menschen nehmen genauso viel Nikotin auf wie aus einer normalen Zigarette.

Raucher brauchen ihre regelmäßige Nikotindosis, und wenn sie zu schwächeren Zigaretten übergehen, ziehen sie eben stärker und häufiger, um die gewohnte Dosis zu bekommen. Wer stärker zieht, inhaliert aber leider auch mehr Kohlenmonoxid. Das zwingt den Körper, mehr Hämoglobin zu bilden, wodurch das Blut »schlammiger« wird und die Gefahr eines Schlaganfalls wächst. Daher ist es sogar gefährlicher, sich seine gewohnte Dosis Nikotin aus einer »leichteren« Zigarette zu beschaffen.

(Nur ganz nebenbei: Wer sonst Zigaretten mit mittlerem Nikotingehalt raucht und dann solche mit hohem Anteil probiert, wird nicht so stark ziehen und dadurch trotzdem seine gewohnte Dosis bekommen.)

Die Tabakfirmen schätzen die nikotinarmen Zigaretten. Die Imperial Tobacco Ltd schrieb 1978 in einem internen Dokument: »... die Entwicklung von ultrateerarmen Zigaretten hat uns sogar einige, die möglicherweise das Rauchen aufgegeben hätten, als Zigarettenkäufer erhalten, indem sie ihnen eine akzeptable Alternative bot ...«

Nikotinarme Zigaretten geben also nicht nur weniger Nikotin und mehr Kohlenmonoxid ab, sie wiegen Sie auch noch in einem trügerischen Gefühl der Sicherheit.

Das Gedächtnis des Goldfisches

Schon vor rund tausend Jahren, während der Sung-Dynastie (960–1279), haben die Chinesen den Goldfisch domestiziert. Durch gezielte Züchtung sind seither über 125 Typen entstanden. Man sagt, Goldfische könnten sich an Dinge, die länger als einige Sekunden zurückliegen, nicht erinnern. Wenn sie in ihrem Aquarium oder Teich umherschwimmen, müsste ihnen also jede Runde als neu erscheinen.

Haben Fische ein Gedächtnis? Und wie lässt sich feststellen, ob ein Fisch – oder ein beliebiges anderes Tier – darüber verfügt?

Der Kiefernhäher hat offensichtlich ein hervorragendes Gedächtnis. Dieser nordamerikanische Vogel hortet Futter, um über den Winter zu kommen. Wenn der Herbst heraufzieht, beginnt er, bis zu 33 000 Kiefernsamen zu sammeln, die er dann – jeweils 4 bis 5 Körner – in rund 7000 verborgenen Schatztruhen vergräbt. Sein Erinnerungsvermögen ist so gut, dass er jedes dieser 7000 Vorratslager wiederfindet und so den Winter überleben kann.

Das würde kaum ein Mensch schaffen, vielleicht mit Ausnahme von Hiroyuki Goto von der Keiō Universität in Tokio, der die Zahl Pi (Verhältnis des Umfangs zum Durchmesser eines Kreises) im Februar 1995 bis auf 42 194 Stellen nach dem Komma auswendig aufsagen konnte.

Jonathan Lovell vom Institut für Meeresforschung der

englischen Universität Plymouth ist überzeugt, dass es zumindest einige Fische mit Gedächtnis gibt, da er diesen beibringen konnte, auf eine Schallquelle zuzuschwimmen. Er möchte in Gefangenschaft aufgewachsene Fische auf hoher See aussetzen und sie dann mit bestimmten Tönen zu einer Futterstelle locken, um ihre natürliche Nahrung zu ergänzen.

Culum Brown (vom Institut für Zell-, Tier- und Populationsbiologie der Universität Edinburgh) erforschte bei einem Aufenthalt in Queensland den Scharlachfleck-Regenbogenfisch. Er verglich Fische, die sich in ihrem Aquarium auskannten, mit solchen, die gerade erst in eines gesetzt worden waren. Dazu senkte er ein Netz, das in der Mitte ein Loch aufwies, in das Aquarium und zog es von einem Ende zum anderen durchs Wasser. Den Fischen, die sich gut an ihre Behausung erinnern konnten, gelang es besser, durch das Loch in der Mitte zu entkommen. Vermutlich lag das daran, dass sie das, was ihnen als vertraut und unbedrohlich in Erinnerung war (ihr Aquarium), ignorieren und sich dafür auf die neue Gefahr (das Netz) konzentrieren konnten. Die Fische, die ihre Behausung kannten, erinnerten sich so gut an das Schleppnetz, dass sie ihm noch elf Monate später bei einer Nachuntersuchung entkamen.

Elf Monate – fast ein Drittel der dreijährigen Lebenszeit eines Goldfisches – sind übrigens eine sehr lange Zeit, um sich ein einmaliges Ereignis zu merken. Beim Menschen entspräche das rund 25 Jahren.

Yoichi Oda von der Universität Osaka in Japan hat das Erinnerungsvermögen von Goldfischen in jahrelanger Arbeit ausführlich erforscht, und er ist ebenfalls überzeugt, dass Goldfische ein gutes Gedächtnis haben.

Von Goldfischbesitzern gibt es natürlich Tausende von Anekdoten darüber, dass die Fische sich an regelmäßige Fütterungszeiten erinnern. Eine sehr beeindruckende Leistung, wenn man bedenkt, dass das, was die Goldfische zu fressen bekommen, überhaupt keine Ähnlichkeit mit dem Futter hat, auf das sie erblich programmiert sind.

Manche Besitzer erzählen, dass die Goldfische sich ihre Gesichter merken und in ihrer Gegenwart im Aquarium umhertollen, sich jedoch etwa eine Stunde lang verstecken, wenn Fremde den Raum betreten.

Verschiedene Arten von Lernen

Manche Goldfische kommen an die Außenwand ihres Aquariums, sobald jemand den Raum betritt. Sie haben herausgefunden, dass es beim Erscheinen von Menschen auch Futter gibt, zumindest gelegentlich. Das heißt mit anderen Worten: Menschen gleich Futter. Dies nennt man »assoziatives Lernen«. Die Fische assoziieren Menschen jetzt mit Futter.

Manche Fischarten sind sehr gesellig und leben in Schwärmen. Um zu überleben, beobachten sie, was die anderen machen, und lernen somit durch Zuschauen. Dies nennt man »soziales Lernen«.

Manche Fische können Musik erlernen, vermutlich, weil es in der Natur wichtig für sie ist, den Unterschied zwischen verschiedenen Tönen aus der Umgebung zu erkennen. Ava Chase vom Rowland Institute for Science in Cambridge, Massachusetts, brachte Karpfen dazu, den Unterschied zwischen John Lee Hookers Bluesmusik und einem klassischen Oboenkonzert von Bach zu erkennen, indem sie als Belohnung kleinere Fische an sie verfütterte. Die Musik wurde durch Lautsprecher in das Aquarium übertragen. Ava fand ferner heraus, dass die Karpfen aus dem Gelernten Verallgemeinerungen ableiten und bisher noch nicht gehörte Stücke in die Kategorien Blues bzw. Klassik einordnen konnten.

Cellulite

Fernsehen, Hörfunk und Printmedien machen uns seit gut vierzig Jahren in regelmäßigen Abständen bewusst, dass Cellulite der Fluch eines jeden Menschen ist, der Wert auf sein Äußeres legt. Dabei werden uns jedes Mal mindestens zwei der vier Missverständnisse über Cellulite aufgetischt. Das erste Missverständnis besagt, sie sei anomal und müsse beseitigt werden. Zweitens soll sie durch Toxine und/oder Kreislaufschwäche und/oder verstopfte Lymphgefäße verursacht werden. Drittens muss man nur dünn genug werden, und schon verschwindet die Cellulite. Und viertens gibt es ein revolutionäres neues Mittel, das die unschönen Dellen im Gewebe beseitigen wird.

Unsere Körper bestehen zu einem gewissen Anteil aus Fett, bei Männern zu 15–25 Prozent, bei Frauen zu 20–33 Prozent. Gespeichert ist es in Millionen Fettzellen, die glücklich Seite an Seite sitzen, wie ein Meer sanfter Butterkügelchen. Weil das Fett in unserem Körper strukturell keine große Festigkeit aufweist, brauchen wir ein paar Faserstränge, die sich durch das sanft wogende Fett ziehen und es zusammenhalten. Zuweilen ziehen sich so viele Faserstränge kreuz und quer durch die Fettkügelchen, dass sie das glatte, ruhige Meer in eine Vielzahl unruhiger Seen verwandeln. Der Fachmann spricht von »subkutanen Fettsträngen«.

Cellulite ist klumpig-höckeriges Fett, das in kleinen Taschen gespeichert ist. *Stedman's Medical Dictionary* bezeichnet Cellulite als einen »umgangssprachlichen Ausdruck für Fettablagerungen und faseriges Gewebe, das in der Haut darüber Grübchen hervorruft«. Oft findet man sie im unteren Gesäßbereich und an der Rückseite der Oberschenkel und Hüften.

Cellulite ist die übliche Form der Speicherung von oberflächlichem Fett. Sie hat nichts zu tun mit verstopften Lymphgefäßen, Toxinen oder Kreislaufschwäche. Sie ist normal. Die überwiegende Mehrheit der Frauen hat sie. Cellulite findet man bei 70–80 Prozent aller Frauen, auch wenn sie dünn sind. (Sogar die superschlanke Nicole Kidman hat offenbar ein bisschen Cellulite.)

Aus der Tatsache, dass die meisten Frauen Cellulite haben, ergibt sich ein gewaltiger Absatzmarkt. Anti-Cellulite-Cremes sollen angeblich schwammige Haut, die aussieht wie Hüttenkäse, in Haut so glatt wie ein Babypopo verwandeln.

Diese Cremes enthalten fast immer mindestens einen der folgenden »magischen« Bestandteile: Koffein (ein Diuretikum), Tretinoin, Dimethylaminoethanol (DMAE, ein Antioxidantium) oder Aminophyllin. Das *European Journal of Dermatology* hat 32 Anti-Cellulite-Produkte überprüft. Manche dieser Mittel enthielten bis zu 31 Bestandteile, von denen die meisten mit den »magischen vier« herzlich wenig zu tun hatten. Die 32 getesteten Produkte wiesen zusammen 263 Komponenten auf! Die Hersteller scheinen einfach etwas zusammengemischt und wahllos ungeprüfte Stoffe beigegeben zu haben. Als weiterer regelmäßiger Zusatz erwies sich ein Duftstoff. Etwa ein Viertel dieser Produkte kann eine allergische Reaktion hervorrufen, es besteht also ein klares, wenn auch geringes Risiko schädlicher Nebenwirkungen.

Eines steht für Dermatologen fest: Cellulite verschwindet durch diese Cremes nicht. Wer jedoch normalerweise trockene Haut hat, kann von Anti-Cellulite-Creme profitieren, wenn sie einen Feuchtigkeitsspender enthält – dann sieht die Haut anschließend besser aus.

Nachweislich positive Wirkungen zeigt bei manchen der Bestandteil Tretinoin (Retinol), das in die Haut eindringt und die Blutzufuhr erhöht, die Kollagenerzeugung steigert und die Erneuerung der Zellen in der Epidermis (der äußeren Hautschicht) fördert. Es generiert also neuere Zellen. Insgesamt »mästet« es die Haut und lässt die äußere Schicht dicker werden. Es ist, als breite man eine dicke Picknickdecke auf unebenem Boden aus: Der Untergrund wird geglättet. Die Cellulite ist schwerer zu erkennen, weil sie unter der dickeren Außenhaut versteckt ist. Allerdings wird bei Tretinoin-Produkten vor möglichen Gefahren in der Schwangerschaft gewarnt.

Noch geringer als die Anti-Cellulite-Wirkung von Tretinoin ist sie bei den übrigen »magischen vier« Substanzen. (Einen »Nachweis« der Wirkung von Koffein ergaben allein die »Untersuchungen« zweier Firmen, die Anti-Cellulite-Produkte herstellen.) Und die Substanzen wirken nicht bei jedem.

Im besten Fall rufen Anti-Cellulite-Cremes eine kaum merkliche Verbesserung hervor – möglicherweise.

Die einzige Behandlung, die tatsächlich wirkt, ist die Fettabsaugung, also die Entfernung der Fettzellen. Zum Ausgleich werden jedoch die in der Haut verbleibenden Fettzellen größer, und es kann passieren, dass man hinterher nicht einen Schritt weiter ist.

Professor Lisa M. Donofrio, Dermatologin an der medizinischen Fakultät der amerikanischen Yale-Universität, ist bezüglich der Cremes skeptisch. Sie meint, wir sollten lernen, mit unserer Cellulite zu leben und sie zu lieben. Man könnte die Dinge auch anders sehen, sagt sie, und glatte Haut langweilig finden, während Haut mit Dellen als schön empfunden wird.

Das Gutachten einer Herstellerfirma

Das *American Journal of Clinical Dermatology* hat einen Aufsatz über Cellulite und die Wirkung von Retinol (Tretinoin) veröffentlicht. Zwei der Verfasser waren von der Abteilung Verbraucherberichte der Firma Johnson & Johnson.

Ihrer Meinung nach entsteht Cellulite durch zwei gegensätzliche Kräfte. Die eine ist eine maßvolle, aber langfristige übermäßige Fettablagerung. Die Gegenkraft besteht darin, dass die Stränge, die quer durch die Fettkügelchen verlaufen, auf die Präsenz von Fett überreagieren und dadurch dicker und steifer werden. Bei 15 untersuchten Frauen, die Retinol benutzten, nahm die Elastizität der Haut im Schnitt um zehn Prozent zu. Doch »das klumpig-höckerige Aussehen der Haut reagierte auf die Behandlung entweder kaum oder gar nicht«. In dem Bericht heißt es weiter: »Viele angeblich kosmetische und medizinische Mittel zeigen kaum eine bessernde Wirkung bei Cellulite, und mit Sicherheit bewirkt keines, dass sie vollständig verschwindet.«

Einstein ein Schulversager

In seiner letzten Ausgabe des Jahres 1999 kürte das TIME *Magazine* Albert Einstein zum Mann des Jahrhunderts. Albert war derjenige, der am Anfang des 20. Jahrhunderts die Leute mit seiner Relativitätstheorie verrückt machte (weil Relativität so eine unfassbare Vorstellung war). Einstein war ein wirkliches »Supergehirn«. Für seine Arbeit über die Relativitätstheorie habe er sogar den Nobelpreis bekommen.

Ferner wird behauptet, Einstein sei ein Schulversager gewesen – ein Trost für Generationen von Schülern mit schlechten Noten. Doch beide Behauptungen sind völlig falsch.

Erstens hat Einstein den Nobelpreis für Physik 1921 nicht für seine Arbeit zur Relativitätstheorie erhalten – unter anderem deswegen, weil diese Theorie selbst 1921 noch umstritten war.

Machen wir einen kleinen Zeitsprung. 1905 war das größte Jahr in Einsteins Leben. Unterstützt von seiner Frau Mileva, schrieb er fünf bahnbrechende Aufsätze, die, wie es in der *Encyclopaedia Britannica* heißt, »das Weltbild des Menschen für immer verändert haben«. Jeder Wissenschaftler wäre stolz gewesen, wenn er auch nur einen dieser großartigen Aufsätze geschrieben hätte, aber Albert veröffentlichte gleich fünf davon in nur einem Jahr!

Einer handelte natürlich von der Relativitätstheorie,

davon, was geschieht, wenn Objekte relativ zu anderen Objekten bewegt werden. Zwei Aufsätze bewiesen, dass es Atome und Moleküle geben muss, ausgehend von der Tatsache, dass man, wenn man einen Wassertropfen unterm Mikroskop betrachtet, winzige Teilchen herumhüpfen sieht. Ein vierter Aufsatz behandelte eine merkwürdige Eigenschaft des Lichts, den fotoelektrischen Effekt. Pflanzen und Solarzellen machen sich ihn zunutze, wenn sie Licht in Elektrizität verwandeln. Pflanzen (die den fotoelektrischen Effekt unentgeltlich ausführen) verwandeln alljährlich 1000 Milliarden Tonnen Kohlendioxid in 700 Milliarden Tonnen Sauerstoff und organische Materie. (Und es soll doch tatsächlich Menschen geben, die Pflanzen nicht mögen!)

Sein fünfter Aufsatz war eine mathematische Fußnote zu seiner speziellen Relativitätstheorie. Er trug den Titel: »Ist die Trägheit eines Körpers von seinem Energieinhalt abhängig?« Er enthält die berühmte Gleichung $E = mc^2$, in der E die Energie, m die Masse und c die Lichtgeschwindigkeit ist. Die Gleichung besagt, wie viel Energie man bekommt, wenn man eine Masse m vollständig in Energie umwandelt. Meine Kinder und ich hatten das Glück, diese Gleichung in Einsteins Handschrift zu sehen, als das Manuskript zur speziellen Relativitätstheorie im Rahmen einer weltweiten Wanderausstellung in Sydney gezeigt wurde. Ich war überwältigt.

Die Relativitätstheorie faszinierte die Öffentlichkeit. In den Zwanzigerjahren des vorigen Jahrhunderts wurde behauptet, nur fünf Menschen auf der ganzen Welt hätten diese Theorie verstanden. (Heute könnte ein physikalisch beschlagener Oberschüler sie durcharbeiten.) Es war jedoch der unauffällige fotoelektrische Effekt, der Einstein den Nobelpreis eintrug. Er hielt sich in Schanghai auf, als das Nobelkomitee ihn in einem Telegramm über die Zuerkennung des Nobelpreises für Physik des Jahres 1921 informierte, »für seine Verdienste um die Theoretische Physik und insbesondere für die Entdeckung des Gesetzes für den fotoelektrischen Effekt«. Die Relativitätstheorie wurde mit keinem Wort erwähnt.

Und nun zum zweiten Mythos. Einstein war eindeutig kein Schulversager.

Einstein wurde am 14. März 1879 in Ulm geboren. Im Jahr darauf zogen seine Eltern nach München, wo er 1886 mit sieben eingeschult wurde. Mit neun trat er in das Luitpold-Gymnasium ein. Als er zwölf war, befasste er sich mit der Infinitesimalrechnung, die normalerweise erst mit fünfzehn Jahren durchgenommen wird. In Naturwissenschaften war er sehr gut. Doch weil das deutsche Schulwesen im 19. Jahrhundert sehr streng und reglementiert war, tat es wenig für die Entfaltung seiner nicht-mathematischen Fähigkeiten (in Fächern wie Geschichte, Sprachen, Musik und Erdkunde). Es war dann auch seine Mutter, die ihn ermunterte, Geige spielen zu lernen – mit recht gutem Erfolg.

1895 stellte er sich der Aufnahmeprüfung der angesehenen Eidgenössischen Technischen Hochschule in Zürich; er war sechzehn, zwei Jahre jünger als seine Mitbewerber. In Physik und Mathematik schnitt er hervorragend ab, doch in den nicht-wissenschaftlichen Fächern scheiterte er, speziell in Französisch, und wurde nicht aufgenommen. Daraufhin ging er an die Kantonsschule in Aarau, lernte fleißig und bestand schließlich die Aufnahmeprüfung.

Im Oktober 1896 nahm er endlich sein Studium am Polytechnikum auf (mit siebzehn war er allerdings immer noch ein Jahr jünger als die Mehrheit seiner Kommilitonen). Im selben Jahr schrieb er ein glänzendes Essay, das direkt auf das hinzielte, was er später in der Relativitätstheorie beschrieb. Einstein war also kein Schulversager, und er war definitiv kein schlechter Schüler.

Wie kam es dann zu diesem Mythos?

Ganz einfach. 1896, in Einsteins letztem Jahr an der Aargauer Schule, wurde das Benotungssystem umgekehrt.

Die Note 6, zuvor die schlechteste, war jetzt die beste. (Mit einem Notendurchschnitt von 5 1/3 schnitt Einstein recht gut ab.) Die Note 1, zuvor die beste, war jetzt die schlechteste Bewertung. In seinem Zeugnis ist ersichtlich, dass er keine Noten um 1 bekommen hatte – was nach dem neuen Benotungssystem »nicht bestanden« bedeutete.

Schüler können sich also nicht mehr auf dieses Missverständnis berufen – sie müssen einfach fleißiger lernen ...

Die spezielle Relativitätstheorie für Idioten

Die spezielle Relativitätstheorie ist ganz leicht zu verstehen, wenn man sich nur eines merkt: Das Einzige, was im Universum konstant ist, ist die Lichtgeschwindigkeit. Das ist etwas allgemein formuliert, aber durchaus zutreffend.

Licht pflanzt sich fort mit rund 300 000 km pro Sekunde, also mit 300 Metern pro Mikrosekunde (Millionstelsekunde).

Die Masse ist nicht konstant. Je schneller ein Körper sich bewegt, desto größer wird seine Masse. Könnte er die Lichtgeschwindigkeit erreichen, würde seine Masse unendlich – nicht nur groß, nicht nur so massereich wie das ganze Universum, sondern noch größer, eben unendlich. Dieses Problem umgehen die Photonen (Lichtteilchen) dadurch, dass ihre Masse im unbewegten Zustand gleich null ist. Wenn sie sich bewegen, haben sie eine geringe Masse.

Längen sind nicht konstant. Je schneller sich ein Körper bewegt, desto stärker schrumpft er (aber nur in der Bewegungsrichtung), bis er bei Lichtgeschwindigkeit die Länge null erreicht.

Die Zeit ist nicht konstant. Je schneller sich ein Körper bewegt, desto mehr verlangsamt sich seine innere Zeit, bis sie bei Lichtgeschwindigkeit den Wert null erreicht.

Das Einzige, was bei alldem konstant bleibt, ist die Lichtgeschwindigkeit.

Einsteins Gehirn

Einsteins Gehirn wurde kurz nach seinem Tod im Jahr 1955 als »vermisst« gemeldet. Thomas Harvey, der diensthabende Pathologe im Krankenhaus von Princeton, New Jersey, entnahm es innerhalb von sieben Stunden nach Einsteins Tod und konservierte es. Daraufhin wurde es zum Streitobjekt, weil Einsteins Testamentsvollstrecker Otto Nathan Harvey als Dieb bezeichnete.

Harvey verließ Princeton, und das Gehirn »verschwand«, bis der Journalist Steven Levy Harvey in Wichita, Kansas, aufspürte – und Einsteins Gehirn in einem Behälter mit der Aufschrift »Costa Cider«. Weil Harvey nicht die erforderlichen Kenntnisse hatte, um Einsteins Gehirn zu untersuchen, fertigte er Dünnschnitte davon an, die er an fachkundige Neurowissenschaftler verschickte.

Ein Gehirn besteht aus Neuronen (sogenannten denkenden Zellen) und Gliazellen (die angeblich nicht denken, sondern nur als »Stützzellen« für die Neuronen fungieren). Mit bloßem Auge betrachtet, wirkte Einsteins Gehirn durchschnittlich, und es hatte ein durchschnittliches Gewicht. Unterm Mikroskop war allerdings zu erkennen, dass das Verhältnis der Gliazellen zu den Neuronen im unteren Scheitellappen, wo das räumliche und mathematische Denken angesiedelt ist, sehr hoch war. Das geschulte Auge erkannte, dass der untere Scheitellappen rund 15 Prozent größer war als normal.

Mittlerweile ist Einsteins Gehirn endlich wieder in Princeton – an einem geheim gehaltenen Ort.

Ganz weiß, meine Sonne

Dass die Sonne gelb ist, ist ein Missverständnis, dem praktisch alle Völker dieser Welt aufsitzen. Sowohl die Ureinwohner Amerikas, die Aborigines in Australien (welche Farbe hat die Sonne auf ihrer Fahne?), die Holländer und so weiter – sie alle haben sich täuschen lassen.

Eine weiße Oberfläche nimmt die Farbe der örtlichen Beleuchtung an. Damit lässt sich beweisen, dass die Sonne weiß ist. Überlegen Sie einmal, was mit Ihren weißen Kleidern passiert, wenn Sie in einen Nachtclub mit roter Beleuchtung gehen. Die Kleider wirken rot. Und was ist mit einem weißen Auto in der Mittagssonne? Das weiße Auto denkt gar nicht daran, gelb zu werden. Die Sonne ist weiß. Die Sonne definiert letztlich den Begriff »weiß«.

Wie ist es zu diesem nahezu weltweiten Mythos gekommen? Im Grunde wissen wir es nicht, aber man könnte es vielleicht damit erklären, dass die Sonne gelblich erscheint, wenn man fast gefahrlos hineinsehen kann – beim Auf- und Untergang, wenn sie knapp über dem Horizont steht. Dann muss das Licht der Sonne sehr viel dichtere Luftschichten durchdringen als sonst. Der Staub in der Luft lenkt das blaue Licht ab, und übrig bleibt das andere Ende des Spektrums, die gelb-roten Farben.

Es mag auch sein, dass die Sonne gelb »erscheint«, vergleicht man sie mit dem blauen Himmel. Dieser Effekt entsteht, wenn man eine ganze Weile in den blauen Himmel starrt und dann einen kurzen Blick auf die Sonne wirft. Das Farbensehen hat sich zum Blau hin verschoben, und anschließend nimmt man die Sonne und ihr Nachbild als gelb-rot wahr.

Dieser Mythos wird, unabhängig von seiner Entstehung, vor allem kleinen Kindern beigebracht, wenn sie malen lernen. Man sagt ihnen nie: »Mal die Sonne weiß«, sondern: »Mal die Sonne gelb.« Das hat wahrscheinlich einen ganz pragmatischen Grund: Weiße Farbe ist auf weißem Papier nicht sonderlich gut zu erkennen.

Daher glauben wir praktisch alle, die Sonne sei gelb, obwohl wir täglich weiße Autos und weiße Kleider sehen. Die Sonne sieht immer weiß aus, wenn man sie kurz betrachtet (sofern sie hoch genug über dem Horizont steht).

Warum lassen sich so viele von uns täuschen? Wir ähneln ein wenig den Figuren in den *Matrix*-Filmen, deren gesamte Sinneswahrnehmung getäuscht wird. Die Einzigen, die das Licht gesehen haben, sind die Astronomen.

Die weiße Sonne

Die Sonne strahlt ihre Energie praktisch über das gesamte elektromagnetische Spektrum ab. Dieses Spektrum umfasst Röntgenstrahlen, Radiowellen und, etwa in der Mitte, das sichtbare Licht. Das Sonnenlicht erscheint weiß, weil es sich etwa gleich stark aus Licht aller sichtbaren Wellenlängen zusammensetzt, von Rot bis Violett.

Sir Isaac Newton war einer der ersten Wissenschaftler, die das bewiesen haben. Er experimentierte in den Jahren 1665 – 1666 mit Sonnenlicht, das durch einen einzigen kleinen Durchlass in einen abgedunkelten Raum drang. Den Strahl ließ er auf ein dreieckiges Glasprisma treffen. Das Licht spaltete sich dahinter in alle Farben des Regenbogens auf und landete auf einem weißen Blatt Papier. Damit hatte er bewiesen, dass weißes Licht sich aus diesen Farben zusammensetzt.

Der Ventilator kühlt den Raum

Es gehört zu den großen Mythen des Sommers, dass Ventilatoren einen Raum kühlen. Tatsächlich werden aber nur die sich in diesem Raum befindlichen Menschen abgekühlt, nicht das Zimmer selbst.

Stellen Sie sich einen Tag vor, an dem die Luft kühler ist als Ihre Haut. Ihr Körper erzeugt im Durchschnitt 100 Watt Abwärme (ungefähr so viel wie eine Glühbirne). Wenn kein Wind weht, schafft diese Wärme eine dünne, sich dem Körper anschmiegende Schicht warmer Luft. Wenn diese Luftschicht sich auf die Temperatur der Haut erwärmt hat, wird sie zu einer sehr guten Hitzemauer. Von Ihrer Haut kann keine Wärme in diese Schicht übergehen, denn normalerweise kann Wärme nur von einem wärmeren zu einem kühleren Ort fließen. Also steigt die Temperatur Ihrer Haut, und Sie beginnen sich unbehaglich zu fühlen. Aus diesem Zyklus gibt es nur einen Ausweg: sich bewegen oder schwitzen.

Jetzt kommt der Ventilator.

Wenn ein Ventilator Luft über Ihre Haut bläst, verdrängt er diese Hitzemauer. An einem Tag, an dem die Luft kühler ist als Ihre Haut, wird die der Haut anliegende warme Luftschicht mittels des Ventilators durch kühlere Raumluft ersetzt. Sie fühlen sich entschieden wohler, an der Raumtemperatur hat der Ventilator jedoch nichts geändert. Er hat nur die warme Luft, die Ihre Haut umgibt, weggeschafft.

Das lässt sich leicht zeigen: Schauen Sie aufs Thermometer, und schalten Sie dann den Ventilator ein. Es ändert sich nichts.

Was aber passiert an einem richtig heißen Sommertag, wenn die Luft bereits wärmer ist als Ihre Haut? Dann beginnen Sie zu schwitzen. Die abkühlende Wirkung des Ventilators ist jetzt noch besser. Die Luft, die über Ihre leicht feuchte Haut streicht, lässt das Wasser in Ihrem Schweiß verdampfen. Es erfordert eine Menge Energie, aus flüssigem Wasser Wasserdampf zu machen. Diese Energie kommt von Ihrer Haut, die sich dadurch sehr viel kühler anfühlt.

Das lässt sich leicht testen: Befeuchten Sie eine Fingerspitze mit der Zunge, und blasen Sie dann kräftig darauf! Da die Luft die Wassermoleküle mitnimmt, fühlt sich der Finger kühler an. Auch jetzt können Sie zeigen, dass ein Ventilator den Raum nicht im Geringsten kühlt. Schauen Sie aufs Thermometer, und schalten Sie dann den Ventilator ein – die Temperatur ändert sich nicht.

Ein Mensch im Ruhezustand führt übrigens ein Viertel seiner Abwärme durch Verdunstung ab. Wasser verdunstet in den Lungenbläschen und entweicht als Dampf mit der Atemluft.

Daraus lernen wir zweierlei. Erstens: Sollten Sie ein Haustier haben, das nicht schwitzt (wie etwa ein Frettchen), hat es keinen Zweck, einen Ventilator anzumachen. (Falls Ihrem Frettchen ein Hitzschlag droht, baden Sie es sanft mit lauwarmem Wasser.) Zweitens: Es hat keinen Zweck, den Ventilator laufen zu lassen, wenn Sie nicht im Zimmer sind. Der Motor des Geräts wird sogar zusätzlich Abwärme erzeugen und das Zimmer geringfügig erwärmen.

Extreme Luftkühlung

Ein Ventilator kühlt dadurch, dass er eine Schicht warmer Luft, die normalerweise Ihre Haut umgibt, fortschafft. Im Hochsommer ist das prima, aber im tiefen Winter könnte es Sie das Leben kosten.

Der Fachausdruck dafür ist »Windchill«. Antarktisreisende und Himalaya-Bergsteiger können selbst bei Temperaturen um −40 °C mit bloßem Oberkörper sehr gut überleben – bei völliger Windstille. Beim geringsten Lufthauch müssen sie sich sofort anziehen.

Der Wind führt die warme Luft ab und ersetzt sie durch kalte, trockene. Diese neue Luft anzuwärmen und zu befeuchten erfordert eine Menge Energie, mehr, als Sie problemlos abgeben können.

Der Windchill-Faktor wurde in den Vierzigerjahren des vorigen Jahrhunderts entwickelt, um es den Bewohnern kalter Klimazonen leichter zu machen, die Wirkung des Windes abzuschätzen. Aus einer Tabelle ließ sich ablesen, wie Windgeschwindigkeit und niedrige Lufttemperatur zusammenwirken. So entspricht Wind einer bestimmten Geschwindigkeit (z. B. 16 km/h) bei einer bestimmten Temperatur (z. B. −4 °C) einer tieferen Temperatur (z. B. −13 °C) ohne Wind.

Das ist natürlich nur eine grobe Annäherung, aber als warnender Hinweis doch recht wirksam.

Blind durch Sonnenfinsternis

Eine Sonnenfinsternis tritt ein, wenn der Mond zwischen der Erde und der Sonne vorüberzieht. Bei einer totalen Finsternis deckt der Mond das gesamte Sonnenlicht ab, sodass eine unheimliche, tiefe Dämmerung entsteht. Plötzlich kann man mitten am Tag die Sterne sehen. Doch viele verzichten auf diese unentgeltliche kosmische Sensation, weil sie glauben, man werde beim Betrachten einer totalen Sonnenfinsternis blind, oder wenn man sich auch nur währenddessen im Freien aufhält. In Wirklichkeit kann eine totale Verfinsterung der Sonne ziemlich harmlos sein.

Weitaus gefährlicher ist dagegen eine *partielle* Sonnenfinsternis, bei der nur ein Teil des Sonnenlichts vom Mond verdeckt wird. (Wüsste man nichts davon, würde man vermutlich glauben, dass sich bloß eine Wolke zeitweilig vor die Sonne geschoben hat.) Aber auch wenn 99 Prozent der Sonne abgedeckt sind, ist die schmale verbleibende Sichel hell genug, um einen erblinden zu lassen, wenn man länger als einen Wimpernschlag hinschaut.

Es ist nicht so, dass die Sonne bei einer Finsternis neue, ungewohnte Formen schädlicher Strahlung verströmt – sie spuckt weiterhin das aus, was sie seit jeher ausgespuckt hat. Wenn die Sonne partiell vom Mond verdeckt ist, kann das Hinstarren auf jeden Fall schädlich für die Augen sein, weil die abgestrahlte Energie dazu ausreicht. Damit das

Hinschauen unbedenklich ist, müssen 99,9968 Prozent der Energie der Sonne ausgeschaltet werden.

Die Sonne verströmt sowohl Licht als auch Wärmeenergie. Diese wird auf den zentralen Bereich der Netzhaut konzentriert, mit dem man scharf sieht. Wenn man hinreichend lange in die Sonne starrt, geht der zentrale Sehbereich zugrunde. Die Energie der Sonne zerstört den zentralen Bereich der Netzhaut. In extremen Fällen wird das Gewebe der Netzhaut buchstäblich verkocht. Davon merkt man gewöhnlich nichts, weil es im Auge keine Schmerzrezeptoren gibt. Weil der periphere Sehbereich davon nicht betroffen ist, kann man noch aus dem Augenwinkel sehen. Kleingedrucktes hingegen kann man nicht mehr lesen, es erscheint verschwommen, so als wäre eine mit Vaseline bestrichene Glasscheibe dazwischen.

Nach Unterlagen der amerikanischen Armee sind Soldaten auf Hawaii durch eine partielle Sonnenfinsternis am 4. Februar 1962 erblindet. Viele der Männer konnten an den folgenden Tagen auf dem Schießstand nicht mehr genau zielen. Ihre Sehschärfe war von 20/20 auf 20/200 gesunken, also auf ein Zehntel der normalen. Die meisten erholten sich wieder, doch bei einigen ging die Sehschärfe dauerhaft verloren.

Merken Sie sich einfach ein paar Regeln vor der nächsten totalen Sonnenfinsternis:

* Es ist okay, die Sonne bei einer totalen Finsternis mit bloßem Auge zu beobachten – aber nur, wenn diese vollkommen vom Mond bedeckt ist. Suchen Sie sich den Moment aus, wo keine direkte Sonnenstrahlung Ihre Augen schädigen kann.
* Bei einer partiellen Finsternis auf keinen Fall mit bloßem Auge in die Sonne schauen. Schon eine schmale Sichel kann Sie erblinden lassen.
* Unbedenklich ist es, die vollständig oder partiell ex-

ponierte Sonne zu betrachten, wenn Sie anerkannte Filter benutzen, zum Beispiel zertifizierte Schutzbrillen. Schauen Sie auf keinen Fall durch rußiges Glas, belichteten Fotofilm, Magnetscheiben aus alten Floppydisks, CDs oder Mylar-Lebensmittelfolien direkt in die Sonne.

Unbedenklich ist es auch, wenn Sie eine Sonnenfinsternis mit der Lochkameramethode betrachten. Stanzen Sie in ein Stück Pappe ein Loch von zwei Millimetern. Kehren Sie der Sonne den Rücken zu und halten Sie die Pappe so, dass das Sonnenlicht durch das Loch auf ein anderes Stück Pappe fällt, das als Bildschirm fungiert. Das Bild wird ein bisschen verschwommen sein, aber Sie werden die Form der verfinsterten Sonne erkennen können.

Es ist vollkommen unbedenklich, sich im Freien aufzuhalten, während die Sonne in den verfinsterten Bereich ein- oder wieder aus ihm heraustritt, solange Sie nicht direkt in die Sonne schauen.

Es ist ebenfalls vollkommen unbedenklich, sich die total verfinsterte Sonne anzuschauen. Der Mond, der 400-mal kleiner ist als die Sonne, ist zugleich 400-mal näher und verbirgt daher das gesamte direkte Licht vom strahlenden Teil der Sonne. In diesem kurzen Zeitfenster der totalen Verfinsterung kann man die Lochkamera getrost beiseitelassen und ehrfürchtig in den Himmel starren und die schimmernde Korona mitsamt aller damit verbundenen Herrlichkeiten bewundern.

Wie dunkel ist ungefährlich?

Falls Sie mit bloßem Auge in die Sonne schauen, zerstören Sie den Zentralbereich der Netzhaut. Falls Sie durch eine Backsteinmauer schauen, gelangt kein Licht an Ihre Netzhaut, und es ist völlig ungefährlich.

Irgendwo dazwischen gibt es einen sicheren Bereich. Was das sichtbare und das infrarote Licht von der Sonne betrifft, wird der sichere Bereich geschaffen durch einen Filter (Schattierung 12), der 0,0032 Prozent des Lichts durchlässt. Für die meisten ist das noch ein bisschen hell; angenehmer ist daher ein dunklerer Filter (Schattierung 14), der 0,0003 Prozent des Lichts weitergibt.

Die Betäubungsbombe

Seit gut fünfzig Jahren kommt in Filmen eine Bombe vor, von der Leute ohnmächtig werden. Weil die »Guten« im Film niemals töten, greifen sie zur Betäubungsbombe und lassen sie zu den anderen hinüberkullern, die sogleich bewusstlos zu Boden sinken. In dem Film *Ocean's Eleven* von 2002, einem Remake der Gaunerkomödie *Frankie und seine Spießgesellen*, wurde die Betäubungsbombe eingesetzt, und man kann darauf wetten, dass sie auch in künftigen Filmen wieder verwendet wird.

Der Legende zufolge haben Einbrecher diese Betäubungsbombe benutzt, um die schlafenden Bewohner auszuschalten und sich ungestört in deren Haus zu schaffen zu machen. Und natürlich wurde auch schon vorgeschlagen, sie in Verkehrsflugzeugen einzusetzen, um gewalttätige Passagiere oder Terroristen auf unschädliche Weise zu überwältigen.

Die Betäubungsbombe soll nicht bloß einen Körperteil (z. B. ein Bein) oder eine begrenzte Stelle (z. B. ein Stück verletzter Haut) lokal betäuben. Im Film soll diese Bombe sofort zur Vollbetäubung führen. Der Betroffene nimmt seine Umgebung nicht mehr wahr, empfindet keinen Schmerz, kann sich nicht bewegen und erinnert sich nicht an das, was während seiner Auszeit geschieht.

Die Erfindung der Vollbetäubung hat eine lange Geschichte. Homer berichtet in der *Odyssee* von einem ägyptischen Kräutertrank namens »Nepenthe« (vermutlich Opium oder Cannabis), der Leid linderte und Sorgen vertrieb. Der englische Chemiker Sir Humphry Davy entdeckte 1799, dass Lachgas (Distickstoffmonoxid) die Schmerzen seines entzündeten Zahns lindern konnte, aber man ging über seine Behauptung hinweg. Der amerikanische Chirurg Crawford Long hatte 1842 begonnen, Äther als Betäubungsmittel einzusetzen, veröffentlichte seine Ergebnisse aber erst 1849. Der erste Einsatz eines echten chirurgischen Betäubungsmittels wird daher gemeinhin William Morton zugeschrieben, einem amerikanischen Zahnarzt, der im Oktober 1846 einem Patienten Äther verabreichte, damit ihm am Massachusetts General Hospital in Boston ein Tumor im Nacken entfernt werden konnte.

In den Anfängen der Anästhesie wurde meist nur ein Mittel angewandt. Heute verwendet man gewöhnlich eine Kombination, mit der verschiedene Ziele erreicht werden, zum Beispiel Bewusstlosigkeit, Muskelentspannung, Erinnerungsverlust, Lähmung und Bewegungsunfähigkeit. Weil diese Mittel aber mit dem Blut ins Gehirn gelangen, können sie auch andere Organe beeinflussen. Der Anästhesist muss deshalb sehr genau beobachten, wie sich Herzfrequenz und Herzrhythmus, Blutdruck, Atemfrequenz und Sauerstoffgehalt des Blutes verändern.

Die Grenzen zwischen Bewusstheit, Vollbetäubung und Tod sind sehr schmal.

Jemanden bewusstlos zu machen, ohne ihn zu verletzen oder zu töten, ist eine schwierige Sache. Die Ärzte müssen fünf Jahre oder länger Medizin studieren und anschließend mehrere Jahre ein klinisches Studium am Krankenhaus absolvieren. Um Anästhesist zu werden, müssen sie eine weitere vierjährige Ausbildung durchlaufen.

Wenn es tatsächlich eine unbedenkliche und wirksame Betäubungsbombe gäbe, hätten die Anästhesisten es leicht. Sie bräuchten nicht über zehn Jahre zu studieren – sie bräuchten nur zu wissen, dass sie sich außerhalb des Raumes aufhalten müssen, wenn die Bombe losgeht.

Die Moskauer Betäubungsbombe

Am Mittwoch, dem 23. Oktober 2002, lauschten über 800 Besucher im Moskauer Musicaltheater dem russischen Musicalklassiker Nord-Ost. Plötzlich stürmten über fünfzig mit Maschinenpistolen bewaffnete tschetschenische Kämpfer herein, nahmen das Publikum als Geisel und verteilten im Theater sowie an allen Ausgängen Sprengsätze. Sie forderten den Abzug der russischen Armee aus Tschetschenien – andernfalls würden die Geiseln getötet.

Am Samstag, dem 26. Oktober, sah Olga, eine 21-jährige Überlebende, frühmorgens graue Gasschwaden in das Theater eindringen. Sie bedeckte sich das Gesicht mit ihrem Schal und warf sich auf den Boden – und war damit eine der wenigen Geiseln, die nicht das Bewusstsein verloren. Kurz darauf stürmten russische Soldaten das Theater und erschossen die Tschetschenen.

Noch zwei Tage nach der Rettung lagen zwei Drittel der Überlebenden in kritischem Zustand im Krankenhaus. Etwa 117 Geiseln starben an den Wirkungen des noch unbekannten Betäubungsgases.

Mount Everest ist nicht der höchste

Die meisten australischen Schüler lernen, der höchste Punkt der Erde sei der Gipfel des Mount Everest und der höchste Berg Australiens der Mount Kosciusko. Doch das ist falsch.

Was hat es nun mit dem Mount Kosciusko auf sich? Es stimmt: Er ist (mit 2228 Metern) der höchste Berg – auf dem australischen Festland.

Doch die höchsten anerkannten australischen Berge befinden sich im australischen Antarktis-Territorium: der Mount McClintock (östlicher Sektor, 3490 Meter) und der Mount Menzies (westlicher Sektor, 3355 Meter). Der höchste Berg auf australischem Hoheitsgebiet ist jedoch der Mount Mawson (2475 Meter) im Big-Ben-Vulkanmassiv auf der Heard-Insel im südlichen Indischen Ozean, rund 4000 km südwestlich von Perth. Dem Mount Kosciusko kommt demnach zwar die Ehre zu, der höchste Berg auf dem australischen Festland zu sein, doch ist er nicht der höchste Berg auf australischem Territorium.

Und Vulkane haben wir außerdem.

Australien hat nicht die technischen Mittel, um die vulkanische Aktivität auf der entlegenen und sturmumtosten Heard-Insel zu überwachen, aber im Februar 2001 gab es bei Big Ben einige sehr spektakuläre Eruptionen.

Und was ist nun mit dem Mount Everest? Ist er der höchste Berg der Welt? Das hängt ganz davon ab, was man unter »höchste« versteht. Bedeutet es der »höchste über dem Meeresspiegel«, oder bedeutet es, dass er »am weitesten ins All hinausragt und am weitesten vom Erdmittelpunkt entfernt ist«?

Im 17. und 18. Jahrhundert hielt man einen gewissen Chimborazo, einen schneebedeckten erloschenen Vulkan in Ecuador, der sich 6310 Meter über den Meeresspiegel erhebt, für den höchsten Punkt der Erde. Bei der großen trigonometrischen Vermessung Indiens wurde 1852 festgestellt, dass ein Berg mit dem Namen Peak XV mit 8840 Metern der höchste sei. Die Briten nannten ihn 1965 Everest, nach Sir George Everest, der von 1830–1843 britischer Surveyor General (General-Landvermesser) von Indien war. Es war offenbar unwesentlich, dass die ortsansässigen Tibeter und Nepalesen dem Berg bereits ganz brauchbare Namen gegeben hatten: Bei den Tibetern hieß er *Chomolungma* (»Muttergöttin des Landes«), bei den Nepalesen *Sagarmatha*. Everest selbst war übrigens der Meinung, der Berg solle seinen angestammten Namen behalten – aber er hat offenbar nicht allzu laut protestiert.

Die Höhe des Mount Everest wurde 1955 auf 8848 Meter und 1999 auf 8850 Meter korrigiert, als eine Kletterseilschaft mit modernsten Satellitenmessgeräten auf dem Gipfel nachmaß. All diese Höhenangaben beziehen sich auf den Meeresspiegel.

Der Mount Everest ist deshalb nicht der höchste Punkt der Erde, weil die Erde sich dreht, und dadurch bekommt der ganze Planet am Äquator eine Ausbuchtung. Der Radius der Erde am Äquator ist rund 21 km länger als der Radius vom Erdmittelpunkt zu den Polen.

Kommen wir nochmal auf den Chimborazo zurück, der einst als der höchste Berg der Erde galt und 1880 erstmals von Edward Whymper bestiegen wurde.

Der Chimborazo liegt etwa 1,5° südlich vom Äquator, während der Mount Everest auf der Krümmung der Erde weiter nördlich liegt, bei 28° nördlicher Breite. So kommt es, dass der Gipfel des Chimborazo, der dem Meeresspiegel um 2540 Meter näher ist als der des Mount Everest, rund 2202 Meter weiter vom Erdmittelpunkt entfernt ist als letzterer. Er ragt weiter ins All hinaus als der Mount Everest. Wäre dies in der Öffentlichkeit besser bekannt gewesen, hätten die Leistungen von Edward Whymper, dem Bezwinger des Chimborazo, wahrscheinlich mehr Aufsehen erregt. (Tatsächlich sind noch drei weitere Gipfel – Nevado Huascarán, Cotopaxi und Kilimandscharo – »höher« als der Mount Everest.)

Doch der Mount Everest bleibt der höchste Berg oberhalb des Meeresspiegels. Bis Ende 2001 hatten 1314 Menschen seinen Gipfel erreicht, und 167 Menschen waren bei dem Versuch umgekommen. Falls Sie 65 000 US-Dollar haben und körperlich fit sind, können Sie versuchen, den Gipfel zu ersteigen. Falls Sie diesen Betrag nicht erübrigen können, dürfen Sie sich mit der Erkenntnis trösten, dass alle sowieso den falschen Berg erklimmen. Andererseits wächst der Mount Everest alljährlich um 5 – 10 Millimeter, weil die indische Landmasse nach Asien hineindrückt und Tibet anhebt. All die gutbetuchten Leute brauchen also nur eine halbe Million Jahre zu warten – dann ist der Everest wirklich in jeder Beziehung der höchste Berg der Erde ...

Höhengeschichte

Nach dem Chimborazo wurde der Titel »höchster Berg der Welt« im Jahr 1809 dem Himalaya-Gipfel Dhaulagiri (8172 Meter) und 1840 dem Kanchenjunga (8598 Meter) verliehen.

Die Erstbesteigung des Mount Everest erfolgte am 29. Mai 1953 durch den Neuseeländer Edmund Hillary und seinen Sherpa Tensing Norgay. Wer von ihnen genau genommen als Erster auf dem Gipfel war, haben die beiden für sich behalten.

Die Heard-Insel (mit dem höchsten Berg auf australischem Hoheitsgebiet) wurde 1833 von einem britischen Segelschiff entdeckt. Sie wurde später nach Kapitän John H. Heard benannt, einem amerikanischen Seemann. Die Kontrolle über die Heard-Insel ging 1947 von der britischen auf die australische Regierung über.

Selbstmord der Lemminge

Ein weiterer Mythos, der sich in unserem Sprachgebrauch festsetzt hat, ist der vom »selbstmörderischen Sturz der Lemminge«. Danach sollen sich Lemminge, von tief sitzenden Impulsen getrieben, zu Millionen mit Absicht über eine Klippe stürzen, um auf den Felsen darunter zu zerschellen oder im tosenden Meer zu ertrinken. Dieser Mythos ist inzwischen zu einer Metapher für das Verhalten von Massen von Menschen geworden, die wie die Lemminge blindlings einander ins unvermeidliche Verderben folgen. Der Ursprung liegt in einem Disney-Film.

Lemminge sind Nagetiere. Nagetiere gibt es seit rund 57 Millionen Jahren, und sie machen zusammen ungefähr die Hälfte aller Säugetiere der Erde aus. Es gibt vier Arten von Lemmingen: Halsbandlemminge, Echte (oder norwegische) Lemminge, Waldlemminge und Moorlemminge. Sie kommen in den kühleren nördlichen Gegenden Eurasiens und Nordamerikas vor. Der Echte Lemming (mit den beeindruckendsten Wanderzügen) ist etwa zehn Zentimeter lang, hat kurze Beine und einen kurzen Schwanz.

Merkwürdige Bevölkerungsexplosionen kommen bei etlichen Nagetierarten vor. Zu einem auffälligen Ereignis dieser Art kam es 1926–1927 im kalifornischen Central Valley: Die Mäusepopulation stieg auf 200 000 pro Hektar (rund 20 Mäuse pro Quadratmeter). In Frankreich hat es zwischen 1790 und 1935 mindestens zwanzig Mäuseplagen gegeben. Doch die regelmäßigsten Schwankungen beobachtet man bei den Lemmingen: Alle drei bis vier Jahre kommt es zu solchen explosionsartigen Massenvermehrungen. Die Zahlen schießen in die Höhe, um dann fast bis zum Aussterben abzusinken. Trotz intensiver Forschung seit fast einem Jahrhundert hat man noch nicht so recht begriffen, warum ihre Populationen so stark schwanken. Es wurden verschiedene Faktoren dafür verantwortlich gemacht – unbeständiges Nahrungsangebot, Klimaänderungen, unterschiedliche Dichte von Beutegreifern, Stress durch Übervölkerung, Infektionskrankheiten, Schneeverhältnisse und Sonnenflecken –, aber keiner kann das Geschehen vollständig erklären.

Der Straßburger Geograf Ziegler versuchte diese Populationsschwankungen um 1530 damit zu erklären, dass Lemminge bei stürmischem Wetter vom Himmel fallen und dann im Frühling, wenn das Gras sprießt, massenhaft zugrunde gehen. Im 19. Jahrhundert schrieb der Naturforscher Edward Nelson: »Die Eskimos vom Norton Sound haben den seltsamen Aberglauben, dass der Weiße Lemming im Land hinter den Sternen lebt und manchmal auf die Erde herunterkommt, indem er bei Schneestürmen auf einer Spiralbahn herabsinkt. Ich habe alte Männer gekannt, die steif und fest behaupteten, sie hätten sie herunterkommen sehen. Mr. Murdoch hat diese Vorstellung auch bei den Eskimos von Point Barrow angetroffen.« Doch in keiner der Geschichten der Inuit (der kanadischen Ureinwohner) wird der »selbstmörderische Sprung von den Klippen« erwähnt.

Wenn es zu solchen explosionsartigen Massenvermehrungen kommt, wandern die Lemminge aus den dichter bevölkerten Regionen aus. Die Wanderzüge beginnen allmählich und regellos, zunächst ziehen kleine Gruppen bei Nacht, und schließlich wandern auch größere Ansammlungen bei Tage. Am eindrücklichsten sind die Züge der

Echten Lemminge. Sie bilden aber gleichwohl keine zusammenhängende Masse, sondern ziehen in Gruppen, zwischen denen Abstände von zehn oder mehr Minuten liegen. Gern folgen sie Straßen und Wegen. Lemminge meiden das Wasser und sehen sich gewöhnlich nach einem Übergang zu Lande um, auch wenn sie schwimmen können. In einer ruhigen Nacht können sie ein 200 Meter breites Gewässer durchqueren, bei starkem Wind werden die meisten allerdings ertrinken.

Es steckt also ein winziges Körnchen Wahrheit in diesem Mythos. Die Populationsstärke der Lemminge schlägt regelmäßig sehr stark aus, und wenn es sehr viele sind, gehen die Lemminge auf Wanderschaft.

Der Mythos vom Massenselbstmord der Lemminge nahm seinen Anfang im Jahr 1958 mit Walt Disneys Natur-Dokumentation *White Wilderness (Abenteuer in der weißen Wildnis)*. Gedreht wurde sie in der kanadischen Provinz Alberta, weit entfernt vom Meer in einer Region, in der Lemminge nicht heimisch sind. Also importierten die Filmemacher Halsbandlemminge, die sie Inuit-Kindern abkauften. Für die Bilder vom Wanderzug setzten sie die Tiere auf eine schneebedeckte Drehscheibe und filmten sie aus den unterschiedlichsten Blickwinkeln. Für die Sequenz vom Todessprung trieben sie die Lemminge über eine Klippe in einen Fluss. Es ist leicht zu verstehen, warum die Filmemacher das taten. Zum einen sind wild lebende Tiere notorisch widerspenstig. Zum anderen ist eine »Wanderung in den Untergang«, gefolgt von einer Sequenz über die »Todesklippe«, effektvoller als die sich von selbst vollziehende Regelung der Populationsdichte.

Zwei Fehler haben sich hier jedoch eingeschlichen. Erstens ist es der Echte Lemming, der die spektakulären Wanderzüge unternimmt, und nicht der in der Dokumentation gezeigte Halsbandlemming. Zweitens begehen Lemminge keinen Massenselbstmord. Alle Tiere trachten danach, sich zu erhalten und zu überleben.

Schon merkwürdig, dass Disney ein Nagetier namens Micky Maus (das anfangs einen Großteil der Einnahmen erzielte) zum Maskottchen wählen und trotzdem zu einem anderen Nagetier, dem Lemming, so unfreundlich sein konnte ...

Auf und Ab der Populationen

Im hohen Norden, wo die Lemminge leben, sagen die Einheimischen: »Die Lemminge vermehren sich, außer in den Jahren, in denen sie es nicht tun.« Diese Redensart trifft es genau, sie gibt aber auch sinnbildlich wieder, dass wir noch immer nicht wissen, warum ihre Populationszahlen regelmäßig wachsen und schrumpfen. In einem großen Jahr kann ihre Zahl um den Faktor 1000 steigen.

Der bedeutende britische Ökologe Charles Elton beschrieb schon 1924, wie stark die Nagetier-Populationen von Jahr zu Jahr schwanken. Seither haben Ökologen zu begreifen versucht, warum das so ist – ohne sonderlichen Erfolg.

Im Oktober 2003 veröffentlichten Olivier Gilig (von der Universität Helsinki) und seine Mitarbeiter, was sie im Laufe von 14 Jahren über Lemminge und ihre Fressfeinde auf Grönland herausgefunden hatten. Die Populationszahlen wiesen einen vierjährigen Zyklus auf.

Drei der Fressfeinde – Polarfüchse, Schneeeulen und Falkenraubmöwen – wanderten je nach Nahrungsangebot in das Gebiet ein und verließen es wieder, der vierte Fressfeind – das Hermelin – war standorttreu. Nach Giligs mathematischem Modell war zu erwarten, dass die Populationszahlen der wandernden Fressfeinde exakt den Populationszahlen der Lemminge folgen würden, und das fanden die Forscher bestätigt. Sie sagten außerdem vorher und fanden bestätigt, dass die Populationsspitze der Hermeline im Jahresabstand der Populationsspitze der Lemminge folgte.

Allmählich begreifen wir das Auf und Ab der Populationszahlen bei einigen Tieren.

Seitenstechen

Wer schon einmal einen anstrengenden Sport ausgeübt und sich dabei richtig ins Zeug gelegt hat, hat wahrscheinlich ein »Seitenstechen« verspürt, gewöhnlich im Bauchraum. Ziemlich schlicht ist die Theorie der mangelnden Blutversorgung in den inneren Organen – speziell dem Zwerchfellmuskel, der die Lunge beim Einatmen nach unten zieht –, weil die Anstrengung alles Blut in Arme und Beine umleitet. Der Blutmangel verursacht den Schmerz im Bauch, so wie der Blutmangel am Herzmuskel den Schmerz der Angina verursacht. Sicher eine interessante Theorie, aber sie geht völlig in die Irre.

Die Fachleute auf diesem Gebiet, die Sportärzte, sprechen nicht von Seitenstechen, sondern von ETAP, dem »exercise-related transient abdominal pain« (»übungsbedingter vorübergehender Bauchschmerz«).

Der Schmerz tritt beim Seitenstechen gewöhnlich im Bauchraum auf, zumeist im rechten oberen Quadranten in der Nähe der Leber. Es gibt aber auch das »Schulterstechen«, wie Sportler es nennen. Ich bekomme es beim Sydney City to Surf Fun Run, einem Volkslauf über 14 Kilometer, regelmäßig bei der Zehn-Kilometer-Marke. Man sagt, das Seitenstechen höre bei größerer Fitness auf, aber es tritt auch bei einem Fünftel der äußerst trainierten Läufer auf, die am Swiss-Alpin-Ultra-Marathon über 67 Kilometer teilnehmen. Das Seitenstechen ist in 80 Prozent der Fälle ein scharfer, in 20 Prozent ein dumpfer Schmerz. Wenn man mit der sportlichen Betätigung aufhört, vergeht er gewöhnlich nach wenigen Minuten, er kann aber auch zwei bis drei Tage anhalten.

Eine Schwierigkeit der Theorie der mangelnden Blutversorgung des Zwerchfellmuskels besteht darin, dass man Seitenstechen auch bei Tätigkeiten bekommen kann, die nicht mit mühsamem Atmen verbunden sind, zum Beispiel beim Motorradfahren oder beim Kamelreiten, einem immer wieder beliebten Freizeitvergnügen. Seitenstechen bekamen sogar die Soldaten, die im Zweiten Weltkrieg bei den Vorbereitungen auf die Landung in Frankreich in den Torpedobooten stillstanden und dabei tüchtig durchgerüttelt wurden.

Das passt zur zweiten Theorie über die Entstehung des Seitenstechens: mechanische Belastung der Ligamente in der Bauchhöhle.

Die Organe in der Bauchhöhle (zwischen dem Unterrand der Rippen und dem Beginn der Beine) werden durch vielerlei Bänder (Ligamente) gestützt. Das ständige Auf und Ab der inneren Organe beim Sport stellt für diese Bänder eine Belastung dar. Das passt zu der Beobachtung, dass man beim Sport eher Seitenstechen bekommt, wenn man vorher reichlich gegessen hat. Es erklärt aber nicht, warum ein Fünftel der geübten Schwimmer davon betroffen ist. Wenn sie mit voller Kraft durchs Wasser preschen, geht es ja nun nicht gerade auf und ab.

Doch Dr. Darren Morton, Direktor des Avondale Centre for Exercise Sciences in New South Wales, hat noch eine dritte Theorie: Reizung des Bauchfells.

Das Bauchfell ist eine Membran, die die Wand der Bauchhöhle einschließlich der Unterseite des Zwerchfellmuskels auskleidet. Ein voller Magen kann ebenfalls das Bauchfell reizen, sei es, dass er zusätzlichen Druck auf diese Membran ausübt oder dass er zur Erleichterung der Verdauung

Wasser aufsaugt, das er dem Bauchfell entzieht. Die Bauchfell-Theorie erklärt obendrein das Stechen an der Oberseite der Schulter. Schmerzsignale des Zwerchfells in der Nähe der Leber gehen an dieselbe Hirnregion wie solche von der Oberseite der rechten Schulter. Ein Zwerchfellschmerz wird daher als Schmerz an der Schulteroberseite »empfunden«.

Was kann man nun gegen Seitenstechen tun? Zunächst sollte man nach einer schweren Mahlzeit mindestens zwei Stunden warten, bevor man sich anstrengenden sportlichen Übungen hingibt. Außerdem sollte man stark gesüßte Getränke meiden und stattdessen isotonische Getränke zu sich nehmen, die sechs Prozent Kohlehydrate enthalten.

Tödliches Aspartam in Diätgetränken

Aspartam, der übliche Süßstoff in kalorienarmen Diätgetränken, hat es nicht leicht gehabt, seit es 1981 von der amerikanischen Arznei- und Lebensmittelbehörde zugelassen wurde. Heute wird Aspartam, in über 1500 Nahrungsmitteln enthalten, jeden Tag von über 100 Millionen Menschen verzehrt. Doch die berüchtigte E-Mail einer »Nancy Markle« macht Aspartam für rund 92 Leiden verantwortlich, die von Kopfschmerzen und Erschöpfung über multiple Sklerose und Lupus erythematodes bis zu Benommenheit, Schwindelgefühlen, Diabetes und Koma reichen.

Aspartam ist eine Kombination von zwei Standard-Aminosäuren, Phenylalanin und Asparaginsäure. Diese Aminosäuren sind, wie die übrigen 18 Standard-Aminosäuren, in den Proteinen enthalten, die wir essen und die Bestandteil unserer regelmäßigen Nahrungsaufnahme sind. In Aspartam ist das Phenylalanin durch das Anhängen einer Methylgruppe modifiziert. Der Darm hat die Nahrung so aufzuschließen, dass sie in den Blutstrom aufgenommen werden kann. Weil das Aspartam-Molekül zu groß ist, zerlegt der Darm es in drei kleinere Substanzen: Phenylalanin, Asparaginsäure und Methanol.

Wie alle guten Mythen enthält auch dieser ein Körnchen Wahrheit. Zwei dieser Substanzen (Phenylalanin und Methanol) können unter bestimmten Bedingungen giftig sein.

Die erste Substanz ist die natürliche Aminosäure Phenylalanin, von der behauptet wird, sie sei giftig, weil auf Dosen mit Diätgetränken eine Gesundheitswarnung steht: »Enthält Phenylalanin.«

Phenylalanin ist in der Tat giftig für Menschen mit Phenylketonurie, einer sehr seltenen Krankheit, die bei einem von 15 000 Menschen vorkommt. Dieses Leiden wird gewöhnlich bald nach der Geburt durch den Guthrie-Test diagnostiziert. Da das Phenylalanin bei diesen Menschen nicht abgebaut wird, kann es sich bis zu toxischen Ausmaßen anhäufen und Hirnschäden verursachen. Mit einer gezielten Diät können Menschen, die an Phenylketonurie leiden, ein normales Leben führen.

In »normalen« Lebensmitteln ist mehr Phenylalanin enthalten als in Diätgetränken. So kann eine Dose Diätgetränk 100 mg Phenylalanin enthalten, ein Ei 300 mg, ein Glas Milch 500 mg und ein großer Hamburger 900 mg. Diese Nahrungsmittel sollten Menschen mit Phenylketonurie meiden. Die übrigen 14 999 von 15 000 Menschen brauchen sich jedoch wegen der toxischen Wirkungen von Phenylalanin keine Gedanken zu machen.

Die zweite Substanz ist der Alkohol Methanol. (Die Familie der Alkohole umfasst zahlreiche Substanzen. Ethanol ist die einzige, die uns in kleinen Mengen guttut – erstaunlich bei einer Chemikalie, die Flecken vom Fußboden entfernen und kleine Tiere perfekt konservieren kann.) Es stimmt, dass Methanol in großen Dosen giftig ist. Doch eine Dose Diätgetränk ergibt 20 mg Methanol, womit der Körper spielend fertig wird. Diese Substanz kommt, wie das Phenylalanin, in unserer normalen Nahrung vor. Mit einem Glas Fruchtsaft nehmen Sie 40 g Methanol auf, mit einem alkoholischen Getränk 60 – 100 mg.

Es gibt ein letztes Argument, das gegen die Giftigkeit von Diätgetränken spricht. Laut der medizinischen Fachliteratur gibt es keinen Zusammenhang zwischen dem Verzehr von Diätgetränken und irgendeinem der 92 Leiden, die Aspartam angeblich verursacht.

Und was ist mit der E-Mail-Schreiberin Nancy Markle? Sie wurde nie gefunden.

Aspartam

Aspartam ist ein kalorienarmer Süßstoff, der 1965 erfunden wurde. Bei gleicher Gewichtsmenge ist es zweihundertmal süßer als Zucker. Es ist unter vielen Namen im Handel: »Equal«, »NutraSweet«, »Spoonful«, »E951« usw.

Nach Angabe der amerikanischen Arznei- und Lebensmittelbehörde FDA beträgt die akzeptable tägliche Aufnahmemenge rund 50 mg/kg Körpergewicht. Wer 75 Kilo wiegt, dürfte also täglich 20 Dosen Diätgetränk zu sich nehmen.

Negative Reaktionen sind auffällig selten. Aspartam verursacht, wie mehrfache Untersuchungen gezeigt haben, weder allergische Reaktionen noch Kopfschmerzen, Krebs, Epilepsie, multiple Sklerose, Parkinson oder Alzheimer. Weder beeinträchtigt es das Sehvermögen, noch bewirkt es Veränderungen der Stimmung, des Verhaltens oder der Denkprozesse. Es steigert nicht das Risiko von Blutungen, und es wirkt sich nicht nachteilig auf die Zahngesundheit aus. Freilich geht aus einigen Untersuchungen hervor, dass Diätgetränke mit künstlichen Süßstoffen den Appetit anregen, was dazu führen kann, dass man isst, ohne hungrig zu sein – was den ganzen Zweck der Diätgetränke zunichtemacht.

Auch die Sorge um die Wirkung von Wärme auf Aspartam – wenn beispielsweise Diätgetränke direkt in der Sonne stehen – scheint unbegründet zu sein. Es werden keine neuen giftigen Substanzen erzeugt. Das Aspartam zerfällt einfach, und das Getränk schmeckt nicht mehr so süß wie zuvor.

Die Blackbox

Die Entwicklung der Blackbox hat lange gedauert. Die Brüder Wright erfanden in den ersten Jahren nach 1900 ein primitives Gerät, das die Umdrehungen des Propellers festhielt. In den späten Fünfzigerjahren hatte sich daraus der erste Flugschreiber entwickelt, gemeinhin Blackbox genannt. Ist ein Flugzeug abgestürzt oder wäre es beinahe zu einem Absturz gekommen, gilt die erste Sorge der Unfallermittler der Blackbox – sie muss gefunden werden.

Seit den Sechzigerjahren des vorigen Jahrhunderts sind rund 800 Flugzeuge bei einem Absturz zerstört worden – und die Blackbox hat es in allen Fällen überstanden. Entstanden ist sie wegen des Comet, des ersten Düsenverkehrsflugzeuges. 1953 stürzte eine Reihe von Comet-Jets ab, und niemand kannte die Ursache. Erst durch kostspielige Tests fand man heraus, was passiert war.

Die amerikanische Zivilluftfahrtbehörde wollte es erleichtern, die Ursache eines Absturzes zu finden, und schrieb 1957 vor, dass jedes Flugzeug von über neun Tonnen Gewicht einen Flugdatenschreiber mit sich führt. Er sollte einige grundlegende Flugdaten wie etwa Richtung, Geschwindigkeit, Höhe, vertikale Beschleunigung und Zeitpunkt festhalten. Die Technik hat sich seither weiterentwickelt; wurden die Daten zunächst auf Metallfolie und Stahldraht gespeichert, so werden sie heute auf Magnetband festgehalten. Die jüngste Generation hat keine beweglichen Teile mehr und schreibt direkt auf einen elektronischen Speicher.

Aus der einen Blackbox sind inzwischen zwei geworden. Eine davon ist der Stimmrekorder (CVR – Cockpit Voice Recorder), der die Gespräche und Geräusche im Cockpit bis zu einer Dauer von zwei Stunden festhalten kann. Der jüngste Flugschreiber (FDR – Flight Data Recorder) kann mittlerweile Informationen über rund 700 verschiedene Aspekte des Flugzeugs über eine Dauer von 24 Stunden speichern, darunter der Öldruck und die Rotationsgeschwindigkeit aller beweglichen Teile in jedem der Motoren, die Winkel der Klappen und die Temperatur im Laderaum. Um die Flugschreiber maximal zu schützen, sind sie im Heck untergebracht, das bei einem Absturz gewöhnlich zuletzt auf den Boden aufschlägt.

Die neueste Generation der Blackbox ist robuster als die Ringer von der World Wrestling Federation. Der elektronische Speicher ist umgeben von Aluminium, umhüllt mit einem hochwirksamen Wärmeisolationsmaterial, das wiederum in einer dicken Schicht aus rostfreiem Stahl steckt. Die Blackbox muss eine Stunde lang eine Temperatur von 1100 °C und anschließend zehn Stunden mit 260 °C aushalten. Beim Crash-Impact-Test muss sie eine Beschleunigung von 3400 g überstehen. Menschen werden ohnmächtig, wenn sie fünf Sekunden lang 5 g ausgesetzt sind. Der Test erfolgt gewöhnlich in der Weise, dass die Blackbox aus einer Kanone abgefeuert wird. Beim Eindringtest lässt man ein Gewicht von 227 kg mit einem gehärteten Stahldorn von 6,5 mm Durchmesser aus drei Metern Höhe auf die Blackbox fallen. Eine Blackbox kann dem Druck auf dem Grund des Ozeans und dem salzigen Meerwasser einen Monat lang standhalten. Dieses ganze High-End-Engineering ist nicht umsonst: Eine Blackbox kostet zwischen 20 000 und 30 000 Dollar.

Natürlich ist die Blackbox nicht schwarz. 1965 ging man

zu Orange über, eine gut sichtbare Farbe. Es ist nicht bekannt, warum sie schwarze Box genannt wird. Eine verbreitete Theorie behauptet, eine *orangene* Blackbox sei nach einem anständigen Feuer tatsächlich schwarz, von dem Ruß.

Warum werden Flugzeuge nicht so gebaut, dass sie denselben Kräften standhalten wie Flugschreiber? Erstens, weil Besatzung und Passagiere die Beschleunigungskräfte bei einem Absturz ohnehin nicht überleben würden. Und zweitens, weil das Flugzeug dann zu schwer wäre, um zu fliegen.

Australische Erfindung

1934 kam der Vater des zehnjährigen David Warren bei einer der ersten Flugzeugkatastrophen Australiens ums Leben. Sein letztes Geschenk für den jungen David war ein Detektorradio. David machte es sich zum Hobby, Radios zu bauen, und damit begann ein lebenslanges Interesse für Elektronik.

1953 kam es zum ersten Absturz einer Comet-Maschine. David war inzwischen leitender Forscher an der Forschungsanstalt für Luftfahrttechnik (ARL – Aeronautical Research Laboratory) in Melbourne. Ihm war sofort klar, dass eine Aufzeichnung der Stimmen der Piloten und verschiedener Instrumentenwerte unschätzbare Hinweise auf die Ursache des Unglücks geben würde. Er baute die erste Blackbox, konnte aber niemanden in Australien dafür gewinnen.

1958 hatte er Glück. Als der Direktor der britischen Luftfahrtbehörde, Sir Robert Hardingham, die Forschungsanstalt besichtigte, zeigte David ihm sein inoffizielles Projekt. Sir Robert erkannte auf Anhieb dessen Möglichkeiten, und bald war David Warren mit seiner ersten Blackbox auf dem Weg nach London. Verschiedene Firmen erkannten ebenfalls deren Vorteile und bauten ihre eigenen Versionen.

Gesetzlich vorgeschrieben wurden die Flugschreiber in Australien erst nach dem Absturz einer Fokker Friendship 1960 bei Mackay in Queensland. 1963 führte Australien als erstes Land den Stimmrekorder im Cockpit ein.

Das Quaken der Ente macht kein Echo

Der verbreitete Mythos, das Quaken der Ente erzeuge kein Echo, wurde wissenschaftlich entzaubert. Es geschah auf der Jahreskonferenz der British Association for the Advancement of Science, die 2003 an der Universität Salford im Nordwesten Englands stattfand.

Vor ein paar Jahren wurde ich in meiner Wissenschafts-Sendung auf Triple J Radio nach diesem Mythos gefragt, konnte aber nichts dazu sagen, weil ich keine Forschungsergebnisse dazu kannte. Aber auf den ersten Blick klang die Behauptung albern, aus drei Gründen.

Erstens hat jede der vielen Entenarten ihr eigenes Quaken. Zusätzlich unterscheiden sich auch noch die Geschlechter darin. Die weibliche Stockente hat beispielsweise ein lautes, hupendes Quaken, die männliche dagegen ein leiseres, schnarrendes.

Zweitens verbringen die meisten Entenarten einen Großteil ihrer Zeit auf dem Wasser, gewöhnlich im Freien. An den meisten Gewässern gibt es kaum eine harte, reflektierende Oberfläche, sodass ohnehin kein Echo entstehen kann.

Drittens stellt sich die Frage: Wieso sollte von allen Geräuschen, die jemals auf unserem Planeten hervorgebracht wurden, ausgerechnet das Quaken der Ente eine magische Eigenschaft haben, die ihr das Echo raubt?

Da rief ein Hörer bei Triple J an und präsentierte das, was bei den Geheimdienstleuten eine »Grundwahrheit«

genannt wird. Seine Eltern betrieben eine Entenfarm, und er versicherte mir, dass das Quaken der Enten sehr wohl von den Wänden der Stallungen zurückgeworfen wird.

Mehr wusste ich nicht über das Quaken der Enten, bis Professor Trevor Cox vom Akustik-Forschungszentrum der Universität Salford über seine Forschungen berichtete. Gegenstand seiner Untersuchung war die Ente Daisy. An Daisy war nichts Besonderes – Professor Cox hatte einfach bei örtlichen Entenfarmen angerufen, und die Stockley Farm war bereit, ihm eine willige Ente auszuleihen.

Professor Cox befasst sich seit vielen Jahren mit akustischen Problemen. Sie kennen wahrscheinlich die Durchsagen aus Bahnhofslautsprechern, die durch ihr Echo fast unverständlich werden. Professor Cox kann in seinem Computer einen virtuellen Prototyp eines Bahnhofs erstellen, den er dann derart umgestaltet, dass die Durchsage klar zu verstehen ist. Dasselbe macht er mit Konzertsälen und sogar mit Restaurants; er könnte es Ihnen ersparen, dass Sie fast schreien müssen, damit Ihr Tischpartner Sie auch nur hört. Ein anderes Arbeitsgebiet von Cox ist der Einsatz von Bäumen, die den Lärm des Straßenverkehrs oder von Flugzeugen schlucken.

Als Schallexperte wusste er also, was er mit Daisy und ihrem Quaken zu tun hatte.

Zunächst ließ er sie in einer schalltoten Kammer quaken, einem Raum, der so gestaltet ist, dass Echos gedämpft werden. Daisy klang ganz gewöhnlich, nur ein wenig leiser, als er erwartet hatte.

Dann ließ er sie in einem Hallraum quaken, der Echos künstlich verstärkt. Das Quaken erzeugte durchaus ein Echo, es klang sogar ziemlich unheimlich.

In einem dritten Schritt simulierte er ihr Quaken mithilfe des Computers in einem Konzertsaal – und tatsächlich gab es ein kleines Echo. Dasselbe passierte, als er Daisy in seinem Computer vor einer Felswand entlangfliegen ließ.

Zwei Merkwürdigkeiten fielen ihm jedoch auf.

Erstens brach Daisys Quaken nicht abrupt ab, wie das Klatschen einer Hand, sondern wurde allmählich leiser. Es verklang nach und nach, sodass es schwer war, das eigentliche Quaken und das Echo auseinanderzuhalten. Zweitens war das Echo noch leiser als der ursprüngliche Laut an sich. Beides zusammengenommen bedeutet, dass ein Echo im Ausklang des eigentlichen Quakens untergeht.

Professor Cox hofft, mithilfe dieser Erkenntnis echogeplagte Orte wie Bahnhöfe und Restaurants verbessern zu können.

Enten haben Akzente

Enten, so Dr. Victoria de Rijke von der Universität Middlesex, haben unterschiedliche »Akzente«, je nachdem, welcher Art von Geräusch sie in ihrem Heimatbereich ausgesetzt sind.

Dr. de Rijke hält Vorlesungen über Englisch, unter besonderer Berücksichtigung der Phonetik (wie die Sprache für das Ohr klingt). Sie ist außerdem Leiterin des Quak-Projekts. Dabei werden die Geräusche festgehalten, die Kinder mit unterschiedlicher Muttersprache (z. B. Englisch, Vietnamesisch, Arabisch und Tamilisch) machen, wenn sie die Lautäußerungen von verbreiteten Tieren wie Enten nachahmen.

In einem Interview mit dem *Guardian* sagte sie: »Londoner Enten haben den Stress des Stadtlebens und müssen gegen eine Menge Lärm von Sirenen, Hupen, Flugzeugen und Zügen ankämpfen. Das Londoner Quaken klingt wie ein Rufen und Lachen.« Londoner Enten verlegen ihre Quak-Energie daher in jenen Teil des Schallspektrums, in dem das Hintergrundgeräusch leise ist, damit andere Stadtenten sie leichter hören können. Dr. de Rijke sagte weiter: »Die Enten von Cornwall können dagegen weiträumig umherschweifen, die Umgebung ist still, und da sieht die Sache ganz anders aus. Die Rufe der Enten von Cornwall sind länger und entspannter, ruhiger. Es klingt, als würden sie kichern. Bei den Menschen ist es genauso: Die Cockneys (Spitzname der Londoner) haben kurze und offene Vokale, die Leute aus Cornwall haben dagegen längere Vokale und sprechen ziemlich langsam.«

Sie wird ihre Untersuchungen in Newcastle, Liverpool und Irland weiterführen.

Lichtanmachen schadet nicht

Es ist eine bleibende Erinnerung aus der Kindheit: Die Eltern mahnten, man solle das Licht nicht ständig an- und ausmachen: »Jedes Mal, wenn du das Licht einschaltest, verbrauchst du so viel Strom, dass die Birne davon 30 Minuten brennen könnte.« Als Vergeltung haben dann viele freche Kinder extra gewartet, bis die Eltern aus dem Zimmer waren, und Hunderte von Malen das Licht an- und ausgeknipst, um die Familie in die Pleite zu treiben.

Rechnet man jedoch einmal genau nach, erkennt man, dass die Behauptung haltlos ist.

In einer gewöhnlichen Glühbirne befindet sich ein dünner Draht aus Tungsten, einem silbrigen Metall. Im kalten Zustand hat Tungsten einen sehr geringen elektrischen Widerstand. Sobald man das Licht einschaltet, fließen Elektronen durch den dünnen Draht, der sich sehr rasch erhitzt und zu glühen beginnt, erst gelb, dann rot, schließlich weiß. Dabei nimmt der Widerstand zu, und die Zahl der Elektronen sinkt. (Die Zahl der Elektronen entspricht direkt proportional der Strommenge.) Innerhalb einer Fünftelsekunde nach dem Einschalten hat die Birne ihre volle Helligkeit erreicht, und der Stromverbrauch stabilisiert sich bei einem Dauerwert.

Als Ihre Eltern Ihnen sagten, Sie sollten das Licht nicht ständig an- und ausmachen, dachten sie wahrscheinlich an diesen anfänglichen Stromstoß. Aber wie groß ist er? Ist die Zahl der Elektronen in dieser ersten Fünftelsekunde gleich der Zahl der Elektronen, die in 30 Minuten Normalbetrieb fließen?

Nehmen wir an, Ihre Eltern hatten recht: Bei dem Stromstoß in der ersten Fünftelsekunde floss genauso viel Strom wie in 30 Minuten Normalbetrieb. Dreißig Minuten, das sind 1800 Sekunden. In der Anlaufphase von einer Fünftelsekunde hat die Glühbirne folglich das Neuntausendfache ($1800 \times 5 = 9000$) des normalen Stromverbrauchs gefressen. Hat die Birne 100 Watt, verbrauchen Sie bei jedem Anknipsen 900 000 Watt, also fast ein Megawatt Strom. Allerdings nur während einer Fünftelsekunde. Das ist ungefähr die Leistung eines sehr kleinen Kraftwerks. Eine plötzliche Belastung in dieser Größenordnung müsste die Leitungen in Ihrem Haus verschmoren lassen und die Lichter in Ihrem Viertel dämpfen.

Tatsächlich wird der anfängliche Stromstoß so viel Energie verbrauchen wie der Normalbetrieb der Glühbirne während einer Zehntelsekunde oder maximal während einer Sekunde. In vielen anderen Dingen hatten Ihre Eltern dagegen recht, zum Beispiel, dass man viel Gemüse essen muss und einen gesunden Nachtschlaf braucht.

Geschichte der Glühbirne

Die Glühbirne hätte im Jahr 1666 erfunden werden können – wenn jemand das Licht gesehen hätte. In diesem Jahr tobte in London ein ungeheures Gewitter. Eines Nachts schlug der Blitz so oft in die St. Paul's Cathedral ein, dass die breiten Kupferbänder, die die Elektrizität vom Dach in den Boden leiteten, rötlich glühten, genau wie eine Glühbirne in der Anlaufphase.

Im Jahr 1801 leitete Sir Humphry Davy Strom durch Platinstreifen. 1841 erzeugte Frederick de Moleyns (gleichfalls in England) dadurch Licht, dass er Strom durch pulverisierte Holzkohle schickte, und er erhielt das erste Patent für eine Glühbirne. Auch diese Birne war nicht von langer Dauer.

Das Geheimnis bestand darin, den Luftsauerstoff von dem heißen, glühenden Material fernzuhalten – und dazu mussten erst brauchbare Vakuumpumpen erfunden werden. Es war ein knappes Rennen zwischen Sir Joseph Wilson Swan (England, 1878) und Thomas Alva Edison (Vereinigte Staaten, 1879), die beide Kohlefaden-Lampen präsentierten. Doch das Verdienst wurde allein Edison zugeschrieben, vielleicht, weil er auch die anderen Dinge (z. B. das Kraftwerk und die Übertragungsleitung) entwickelt hatte, die für ein praktisches Beleuchtungssystem nötig sind. Heute enthalten die Birnen ein Edelgas – das Vakuum braucht man nicht mehr.

Schnellere Glühbirnen

Glühbirnen mit kürzerer Reaktionszeit geben den Autofahrern, die hinter Ihnen fahren, mehr Sicherheit, wenn Sie plötzlich bremsen.

Die normale Glühbirne im Bremslicht Ihres Autos ähnelt sehr derjenigen von 1911, als Tungstendrähte eingeführt wurden. Sie treten aufs Bremspedal, und Strom fließt in eine Glühbirne am Heck Ihres Autos. Nach einer kurzen Verzögerung, während derer der Tungstendraht bis zur Weißglut aufgeheizt wird, erreicht die Birne ihre volle Helligkeit. Erst dann merkt der Fahrer hinter Ihnen, dass Sie gebremst haben – und erst dann tritt auch er auf die Bremse.

Eine relativ junge Neuerung ist der Einsatz einer roten Leuchtdiode im Bremslicht. Wenn sie von Strom durchflossen wird, leuchtet sie innerhalb einer Millionstelsekunde auf. Die Verzögerung ist, verglichen mit der Glühbirne, nicht der Rede wert. Wer hinter Ihnen fährt, sieht das Bremslicht früher – was bedeutet, dass er bei einer Geschwindigkeit von 60 km/h ein paar zusätzliche Meter Bremsabstand gewinnt.

Katzenjahre

Katzen sind beliebt – ungefähr in jedem dritten Haushalt Australiens lebt eine von ihnen. Das Alter einer Katze wird oft am menschlichen Maßstab gemessen, wobei man ein Katzenjahr sieben Menschenjahren gleichsetzt. Dieser gängige Mythos mag das Rechnen vereinfachen, doch die Realität ist weitaus komplexer.

Die durchschnittliche Lebenserwartung einer Hauskatze beträgt rund 14 Jahre, bei den wild lebenden Tieren liegt sie eher bei zwei Jahren (wegen Verkehrsunfällen, Infektionskrankheiten, Vergiftung usw.). Die maximale Lebenserwartung einer Katze beträgt 20 bis 22 Jahre, auch wenn es eine Hauskatze auf 34 Jahre gebracht haben soll.

Drei Hauptfaktoren beeinflussen die maximale Lebensspanne eines Tieres. Der erste Faktor ist die Intelligenz – je schlauer das Tier ist, desto besser kann es sich an seine Umwelt anpassen und Gefahren überleben. Der zweite ist die Umwelt und die mit ihr verbundenen Gefahren. In der Wildnis werden die meisten Tiere durch Unfälle oder natürliche Feinde getötet, lange bevor ihre Beweglichkeit mit dem Alter nachlässt. Der dritte Faktor ist die Ernährung – zu viel oder zu wenig davon wird die Lebensspanne des Tieres verkürzen.

Nach Auskunft des Katzengesundheitszentrums an der Cornell-Universität in den Vereinigten Staaten erreichen Katzen das Stadium eines jungen ausgewachsenen Tieres mit 18 bis 24 Monaten; Menschen brauchen dafür ungefähr 22 Jahre. Dementsprechend ist die Katze nach einem Kalenderjahr rund 16 Jahre alt. Nach einem weiteren Kalenderjahr ist sie nochmals sechs Katzenjahre älter – was ungefähr 22 Menschenjahren entspricht. Anschließend rechnen Sie für jedes Kalenderjahr einfach vier Katzenjahre hinzu. Eine vierjährige Katze entspricht im Alter also einem 30-jährigen Menschen, eine zehnjährige Katze einem 54-jährigen, und eine zwanzigjährige wäre 94 Katzenjahre alt.

Für Hunde gilt ungefähr derselbe Maßstab, mit einem wichtigen Unterschied. Je größer ein Hund ist, desto jünger ist er bei seinem Tod. Eine dänische Dogge ist mit neun Kalenderjahren bereits alt, ein Chihuahua wird dagegen erst mit 15 Kalenderjahren als »alt« gelten.

Die schlichte Rechnung – ein Kalenderjahr gleich sieben Tierjahre – ist jedenfalls für beide, Katzen wie Hunde, eindeutig eine Legende. Denken Sie mal darüber nach. Es gibt viele zwölfjährige Katzen, die auf hohe Zäune springen und anderen Katzen nachjagen – bei den meisten 84 Jahre alten Menschen werden Sie so etwas vergeblich suchen.

Ägyptische Katzen

Im alten Ägypten hatte die Katze große religiöse Bedeutung. Tote Katzen wurden mumifiziert und in Gräbern bestattet.

Im 19. Jahrhundert fielen Amateurarchäologen in Scharen über Ägypten her. Sie fanden in den Gräbern so viele tote Katzen, dass sie sie einfach fortwarfen. Die mumifizierten Tiere wurden als Dünger und als Ballast in Schiffen benutzt.

Die meisten dieser Katzen sind nicht an Altersschwäche gestorben. Röntgenaufnahmen zeigen, dass sie nur wenige Monate alt und bei guter Gesundheit waren, als sie erdrosselt wurden. Man nimmt an, dass die Katzen von Priestern in den Tempeln gezüchtet und dann getötet und mumifiziert wurden, um sie als Weihgaben an Tempelbesucher oder Touristen zu verkaufen.

Natürlich gab es unterschiedliche Klassen von Mumien – schön gewickelte erzielten einen höheren Preis.

Im Bleistift ist kein Blei

Der Mensch benutzt Blei, ein graues oder silbrigweißes weiches Metall, seit Jahrtausenden. Es hat zwar viele nützliche Eigenschaften, ist aber leider auch ziemlich giftig für Menschen. Deshalb hat man es in vielen Anwendungen durch weniger giftige Metalle ersetzt. Dennoch glauben viele immer noch, Bleistifte enthielten Blei.

Seit Zehntausenden von Jahren haben unsere Vorfahren mit Holzkohlebrocken oder Stöcken auf Höhlenwände gezeichnet. Vor rund 3500 Jahren, während der 18. Dynastie in Ägypten, war die Technik von angebrannten Stöcken zu einem dünnen, 15 bis 20 Zentimeter langen Pinsel fortgeschritten, der einen feinen, nassen dunklen Strich hinterließ. Rund 1500 Jahre später erkannten die Griechen und Römer, dass ein angespitztes Stück Blei auf Papyrus einen trockenen, leichten Strich erzeugte.

Nochmals 1500 Jahre später, im Mittelalter, benutzten europäische Kaufleute im Allgemeinen einen Metallgriffel, der auf Papier schwache Zeichen hinterließ, die deutlicher erkennbar wurden, wenn das Papier vorher mit Kreide beschichtet worden war. War das Metall, wie üblich, Blei, färbte es auf die Finger ab, und deshalb wurde es oft mit Papier, Bindfaden oder Holz umhüllt.

Das Schöne am modernen Bleistift ist, dass er die besten Eigenschaften des Pinsels und des Metallklumpens in sich vereint. Der Strich des modernen Bleistifts ist sehr zweckmäßig, weil er sowohl trocken ist (und daher nicht verläuft) als auch dunkel (und daher leicht zu erkennen).

Der moderne, bleifreie Bleistift kam zuerst Anfang des 16. Jahrhunderts in Borrowdale im englischen Lake District auf. Der Legende zufolge haben Schäfer an den Wurzeln eines umgestürzten Baumes ein schwarzes Material entdeckt. Sie hielten es für Kohle und wollten es verfeuern, aber es brannte nicht. Sie fanden jedoch rasch eine Verwendung dafür: Sie markierten damit ihre Schafe.

Die Schäfer hatten Graphit entdeckt, genau genommen eine Spielart des Kohlenstoffs. Sie hielten es aber für eine Abart von Blei und nannten es daher »schwarzes Blei«.

Wir wissen, dass schwarzes Blei bis 1540 in Bleistiften nicht allgemein gebräuchlich war, denn in diesem Jahr erschien ein Buch des italienischen Meisters der Schrift Giambattista Palatino, in dem dieser »alle Werkzeuge (beschreibt), die ein tüchtiger Schreiber haben muss«. Darunter war nichts, das nach einem Bleistift aussah oder Graphit enthalten hätte. Doch 1565, 25 Jahre später, veröffentlichte der Schweizer Naturforscher und Arzt Konrad Gesner ein Buch über Fossilien, in dem er ein neues Schreibwerkzeug beschrieb und in einer Zeichnung darstellte, das offenbar der erste primitive Stift aus schwarzem Blei war. Bleistifte wurden jetzt allgemein gebräuchlich.

In Ben Jonsons Komödie *Epicœne* werden 1609 einige mathematische Instrumente beschrieben, darunter »sein Winkel, sein Zirkel, seine Metallstifte und Schwarzblei, um Karten zu zeichnen«. Ab 1622 nahm Friedrich Staedtler in Nürnberg als Erster die Massenproduktion von Bleistiften auf. In einem Buch über Metallurgie wies Sir John Pettus 1683 darauf hin, dass im Bergwerk von Borrowdale ein Blei gefördert werde, das von Malern, Chirurgen und Schriftstellern benutzt wird. Maler zeichneten damit ihre Vorskizzen, Chirurgen verwendeten dieses schwarze Blei als Arznei, und Schriftsteller waren froh über dieses neue Instrument, das sie davon befreite, ein Tintenfass mit sich zu schleppen.

Das schwarze Blei von Borrowdale blieb jahrhundertelang das höchstwertige Graphitvorkommen. Neben seinen Anwendungen als Arznei sowie beim Malen und Schreiben erfüllte Graphit wichtige militärisch-strategische Funktionen beim Gießen von Kanonenkugeln und anderen Metallobjekten. Daher beschloss das Unterhaus am 26. März 1752 ein Gesetz mit dem Titel »Gesetz über die wirksamere Sicherung der Schwarzbleibergwerke gegen Diebstahl und Raub«. Danach war der Diebstahl dieses hochwertigen Graphits ein Schwerverbrechen, das mit Zwangsarbeit und/oder Verschickung in die Kolonien geahndet wurde.

Die Engländer wachten lange darüber, dass das reine Graphit von Borrowdale nicht ihren Feinden in die Hände fiel. Erst 1795 entwickelte Nicolas-Jacques Conté auf Drängen Napoleons endlich ein Verfahren, um aus geringwertigem Graphit ein ausgezeichnetes Schreibmaterial zu machen. Es wurde fein zermahlen, mit fein gemahlenem Ton vermischt, bei hohen Temperaturen gebrannt und am Ende mit Wachs vermengt, bevor es in schlanke hölzerne Hüllen eingeführt wurde. 1832 nahm in der Nähe des Graphitvorkommens von Borrowdale eine Bleistiftfabrik ihren Betrieb auf. 1916 wurde daraus die Cumberland Pencil Factory, die die bei Schulkindern noch immer beliebten Derwent-Stifte herstellte.

Doch obwohl schon um 1565 Schreibstifte aus Graphit benutzt wurden, waren noch im 18. Jahrhundert Schreibstifte aus Blei allgemein gebräuchlich. Warum? Weil sie billiger waren, mochten sie auch giftig sein. Erst in den Anfängen des 20. Jahrhunderts kamen Blei-Bleistifte außer Gebrauch.

Der moderne Bleistift ist technisch hochwertig. Er ist vollkommen in sich geschlossen, verwendet keine klecksenden Flüssigkeiten wie Tinte, kann einen rund 35 Kilometer langen durchgehenden Strich machen, hinterlässt ein scharf umrissenes Zeichen, das kaum verschmiert und leicht ausradiert werden kann.

Wir haben heute Gläser, die aus Plastik sind, Blechdosen aus Aluminium und Golfeisen aus Titan. Da sollte es uns wirklich egal sein, wenn in Bleistiften Graphit steckt.

Formen des Kohlenstoffs

Erst 1779 bewies der schwedische Chemiker C. W. Scheele, dass das Schwarzblei von Borrowdale kein Blei war, sondern eine Form von Kohlenstoff. Es erhielt einen neuen Namen, Graphit, der auf das griechische Wort *graphein*, »schreiben«, zurückgeht.

Graphit ist eine Form des Kohlenstoffs, der zwischen Bor und Stickstoff das sechstleichteste Element ist. Es kommt in der Erdkruste nicht sehr häufig vor (0,025 Prozent nach dem Gewicht), aber es geht mehr chemische Verbindungen ein als alle anderen Elemente.

Es gibt drei Formen reinen Kohlenstoffs, wenn er als ein solcher auftritt und nicht mit einem anderen Element verbunden ist.

Diamant, der härteste Stoff, den wir kennen, besteht aus Kohlenstoffatomen, die in einer Reihe winziger Pyramiden angeordnet sind.

Eine andere Form trägt die Bezeichnung »buckyballs« (Fullerene), in der die Kohlenstoffatome (typischerweise 60, es können aber auch mehr oder weniger sein) in einer Hohlkugelform angeordnet sind, wie bei einem Fußball. »Buckytubes« oder »Nanoröhren« sind sehr ähnlich – es sind Kohlenstoffatome, die hohle Röhren bilden, wie Trinkhalme. Buckyballs und Buckytubes sind sehr stark.

Im Graphit sind die Kohlenstoffatome in Sechserringen angeordnet, die, lose miteinander verbunden, dünne, übereinandergelegte Schichten bilden. Innerhalb der einzelnen Schicht sind die chemischen Bindungen sehr stark, dazwischen dagegen sehr schwach, weswegen sich die Schichten leicht gegeneinander verschieben lassen. Dadurch gibt Graphit ein ausgezeichnetes Schmiermittel ab. Streicht man mit Graphit über eine leicht raue Oberfläche wie Papier, lösen sich einige der Schichten ab und hinterlassen auf dem Papier eine Spur. Graphit ist zudem eines der weichsten Mineralien, die wir kennen.

Vom Penis zum Pencil

Das Wort »pencil« (Bleistift) geht auf das lateinische Wort *penicillus* zurück, das für eine Ansammlung feiner Haare von einem Tierschwanz steht, die man in ein hohles Schilfrohr gesteckt hatte. Diese Ansammlung hatte ihren Namen vom *peniculus*, dem lateinischen Wort für »Pinsel«. Der »Pinsel« hat seinen Namen wiederum von dem lateinischen Wort *penis*, das »Schwanz« bedeutete, jene Stelle am Tier, an der die Haare ausgerissen wurden.

Milch erzeugt Schleim

Die Kuh, in unserer Gesellschaft ein wirtschaftlich bedeutsames Tier, ist Gegenstand zahlreicher Mythen. Ein relativ verbreiteter lautet: »Milch erzeugt Schleim.« Gewöhnlich ist das so gemeint: Wenn man erkältet ist und Milch trinkt (oder andere Milchprodukte zu sich nimmt), beginnt die Nase, in großen Mengen hübschen grünen Schleim zu erzeugen. Es scheint jedoch, dass hierbei kein Zusammenhang zum Milchverzehr besteht.

Schleim ist eine viskose Flüssigkeit, er ist also ziemlich dicht und zähflüssig, wie Honig. Gewöhnlich befeuchtet, schmiert und schützt er viele der »Röhren« in unserem Körper, die mit dem Transport von Nahrung, Luft, Urin und sexuellen Körperflüssigkeiten zu tun haben. Schleim besteht aus Wasser, einem speziellen Hormon namens Muzin, abgestorbenen weißen Blutkörperchen, Zellen, die von der Oberfläche der jeweiligen »Röhre« abgestoßen wurden, verschiedenen Substanzen aus dem Immunsystem (darunter die Antikörper) und anorganischen Salzen.

An verschiedenen Stellen des Körpers gibt es mehrere Typen von Schleimdrüsen, und jeder Typ produziert seine eigene, spezialisierte Art von Schleim. Im Magen verhindert eine dicke Schicht, dass die Fleisch auflösenden Säuren den Magen verdauen. Im Mund verhindert der Schleim, dass die feuchten inneren Oberflächen austrocknen, und außerdem hilft er, die Nahrung leichter zu schlucken. In der Nase ist Schleim ein wichtiger Teil der Klimaanlage unseres Körpers. Das Schleimsystem fängt nicht nur Bakterien, kleine Partikel und Staub ab, sondern bringt außerdem die hereinströmende Luft, bis sie die Rückseite der Kehle erreicht, auf fast 100 Prozent Feuchtigkeit.

Wenn Sie eine Erkältung haben, produzieren die schleimerzeugenden Zellen in der Nase mehr Schleim.

Dr. Carole Pinnock und ihre Kollegen am Royal Adelaide Hospital in Süd-Australien sind dem verbreiteten Glauben, dass »Milch Schleim erzeugt«, auf den Grund gegangen. Sie begannen mit 60 gesunden Versuchsteilnehmern von 18 bis 25 Jahren, deren Milchverbrauch von null bis elf Gläsern Milch pro Tag reichte. Ihnen spritzten die Forscher Rhinovirus 2 (eines der vielen Viren, die die gewöhnliche Erkältung hervorrufen) in die Nase und gaben ihnen Papiertaschentücher und Plastikbeutel, die den »Nasenabfall« aufnehmen sollten. Das Ergebnis: Der Schleim, der aus der Nase tröpfelte oder ausgeschnäuzt wurde, reichte von null bis 30,4 Gramm; ferner fiel das Maximum der Schleimerzeugung auf den dritten Tag nach der Infektion.

Dr. Pinnock fand außerdem absolut keinen Zusammenhang zwischen der Menge der getrunkenen Milch und der Menge des erzeugten Schleims. Interessanterweise behaupteten die Versuchsteilnehmer, die daran glaubten, dass »Milch Schleim erzeugt«, sie hätten häufiger gehustet, und ihre Nase sei stärker verstopft gewesen. Sie produzierten jedoch nicht mehr Nasenschleim als die anderen, die dem Mythos mehr Skepsis entgegenbrachten.

Untersuchungen ergaben, dass Milchprodukte »bei den meisten Asthmapatienten keine spezifische bronchienverengende Wirkung haben«, dass Milch also mit anderen Worten nicht die Luftwege verengt. Andere Untersuchungen zeigten, dass Milch keine »akuten oder verzögerten asthmatischen Symptome oder eine Verschlechterung der Lungenfunktion« hervorruft.

Milch hat viele Vorzüge. In westlichen Gesellschaften liefern Milch und andere Molkereiprodukte bis zu 50 Prozent des von Kindern und Erwachsenen benötigten Vitamins A, über 50 Prozent des Kalziums, 33 Prozent des Riboflavins und 20 Prozent des Proteins, des Vitamins B12 und des Retinols. Sie könnten also Ihre Ernährung gefährden, wenn Sie auf Molkereiprodukte verzichten, es sei denn, Sie hätten eine richtige »Milchallergie«.

Warum glauben so viele, dass Milch Schleim erzeugt? Wahrscheinlich aus dem einfachen Grund, dass sie ein bisschen wie Schleim aussieht.

Pfusch bei Tampons

Die erste von vielen E-Mails über die gefährlichen Bestandteile in Tampons bekam ich 1998. Man warf den Herstellern vor, Tampons absichtlich mit Asbest zu verunreinigen, das verstärkte Blutungen hervorrufe, die dann den Absatz von Tampons steigerten. Man versteht ohne Weiteres, dass viele Frauen wegen der Qualität der Tampons besorgt sind. Schließlich wenden sie sie innerlich an, und die meisten Frauen haben schon vom toxischen Schocksyndrom gehört, auch wenn es äußerst selten vorkommt.

In der E-Mail stand, Quelle der Information sei »eine Frau, die an der Universität von Colorado ihren Doktor macht«. Eine entsprechende Person wurde bisher nicht identifiziert.

Die E-Mail taucht in leicht veränderter Form im Laufe der Jahre immer wieder auf. Vom Asbest ist zurzeit nur selten die Rede, aber dafür wird eine Menge anderer Vorwürfe gegen Tampons erhoben.

In meiner Wissenschaftssendung auf Radio Triple J rufen oft Leute an und fragen, ob Tampons aus »gefährlicher« Viskose bestehen oder ob ihnen krebserzeugende Dioxine beigegeben werden. In einer Fassung der besagten E-Mail wird behauptet, Viskose sei »ein sehr saugfähiger Stoff, und wenn Fasern in der Vagina zurückbleiben, sind sie ein Nährboden für das Dioxin«. Das ist lächerlich. Dioxine sind eine Gruppe von Chemikalien und können sich nicht vermehren.

Und was ist mit der Behauptung, Viskose stoße Fasern ab? Stecken Sie einmal T-Shirts aus Baumwolle und dann welche aus Viskose in den Wäschetrockner. Von der Baumwolle werden Sie hinterher sehr viel mehr Fusseln finden. Ohnehin ist Viskose auf der Skala zwischen »Naturfaser« und »Kunstfaser« sehr viel näher bei den »Naturfasern«, da es aus Zellulosefasern hergestellt wird, die aus Holzschliff stammen. Daher kann man ihm mit der Formel »Alles Synthetische ist schlecht, alles Natürliche ist gut« nicht an den Kragen.

Die Dioxin-Behauptung enthält, wie alle guten Mythen, ein winziges Körnchen Wahrheit. Dioxine kommen in Tampons vor. Aber sie kommen in unserer Umwelt praktisch überall vor – entscheidend ist die Menge. Tatsächlich sind in Ihrem Körper mehr Dioxine enthalten als in Tampons. Die amerikanische Arznei- und Lebensmittelbehörde FDA hat 1995 ermittelt, wie viel Dioxin in der Baumwolle und der Viskose enthalten ist, aus denen Tampons hergestellt werden. Das Ergebnis reichte von »nicht messbar bis ein Teil in drei Billionen«. Auf gut Deutsch: Ein Teil in drei Billionen entspricht ungefähr einem Teelöffel in einem See, der eine Fläche von einem Quadratkilometer und eine Tiefe von zehn Metern hat. Das ist weniger als die Dioxinbelastung, der Sie im Alltag ausgesetzt sind. Der Tamponhersteller Johnson & Johnson benutzt heute ein Bleichverfahren, bei dem keine Dioxine entstehen.

Der »Erfinder« des Tampons, Dr. Earle Cleveland Haas, wurde 1969 von der Londoner *Sunday Times* zu den »1000 Machern des 20. Jahrhunderts« gezählt. Dr. Haas aus Denver, Colorado, bemühte sich 1929, das Unbehagen zu lindern, das seinen Patientinnen durch Monatsbinden bereitet wurde. Er ersann schließlich einen zylinderförmigen Baumwollpfropf, der mit einer Einführhilfe in die Vagina eingebracht werden konnte. Die Patente und das Warenzeichen verkaufte er an Gertrude Tendrich, die erste Präsidentin der Tampax Sales Corporation, die am 2. Januar 1934 gegründet wurde.

Und Dr. Haas? Er arbeitete an der Verbesserung der Tampons, bis er 1981 mit 96 Jahren starb.

Die E-Mail

Disclaimer von Dr. Karl: Dies ist eine bearbeitete Version der berüchtigten »Tampon«-E-Mail. Die Mail wird auf dem Weg um die Welt vor Weiterleitung oft leicht verändert. Die folgende Version enthält den wesentlichen Inhalt.

Liebe Freundinnen! Ich gebe dies weiter, weil diese Information euer Leben verbessern könnte und mir an euch gelegen ist.

Habt ihr gehört, dass Tamponhersteller den Tampons Asbest beimischen? Warum tun sie das wohl? Weil Asbest verstärkte Blutungen bei euch auslöst, und wenn ihr mehr blutet, braucht ihr mehr Tampons. Verstößt das nicht gegen das Gesetz, wo Asbest doch so gefährlich ist? Kein Wunder, dass so viele Frauen in der Welt an Gebärmutterhalskrebs und Gebärmuttertumoren leiden.

Eine Frau, die an der Universität von Colorado in Boulder ihren Doktor macht, schickte mir Folgendes:

»Ich schreibe dies, weil Frauen nicht darüber informiert werden, wie gefährlich etwas ist, das die meisten von uns benutzen: Tampons. Ich habe diesen Monat an einem Seminar teilgenommen und eine Menge über Biologie und Frauen gelernt, darunter auch einiges über weibliche Hygiene. Vor Kurzem erfuhren wir, dass Tampons wirklich gefährlich sind.

UND JETZT KOMMT DER KNÜLLER: Tampons enthalten zwei Dinge, die potenziell schädlich sind: Viskose (wegen der Saugkraft) und Dioxin (zum Bleichen der Produkte wird diese chemische Substanz benutzt). Die Tamponhersteller glauben, für uns als Frauen müssten die Produkte weiß gebleicht sein, damit wir sie als rein und sauber empfinden. Das Problem ist, dass das beim Bleichen entstehende Dioxin sehr schädliche Folgen für eine Frau haben kann. Dioxin ist potenziell karzinogen (krebserzeugend) und Gift für das Immun- und das Fortpflanzungssystem. Es wurde außerdem mit Endometriose und geringeren Spermienzahlen bei Männern in Zusammenhang gebracht – bei beiden schwächt es das Immunsystem.

Viskose erhöht die Gefährlichkeit von Tampons und Dioxin, weil es sehr saugfähig ist.

Daher bildet es, wenn Fasern vom Tampon in der Vagina zurückbleiben, wie es gewöhnlich der Fall ist, einen Nährboden für das Dioxin.«

Hindenburg und Wasserstoff

Zurück in die Dreißigerjahre des vorigen Jahrhunderts: Wenn Sie es sich leisten konnten, über den Atlantik zu fliegen, hatten Sie die Wahl zwischen lauten, kleinen und beengten Flugzeugen oder geräuschlosen und geräumigen Luftschiffen, die ihren Auftrieb von gewaltigen, mit Wasserstoffgas gefüllten Blasen erhielten. Damals war noch unentschieden, welche Technik sich durchsetzen würde: das schnellere und lautere Flugzeug oder das langsamere und entspanntere Luftschiff, das leichter war als Luft.

Nach einem verheerenden Unglück im Mai 1937 wurde das Flugzeug zur bevorzugten Technik. Das riesige, mit Wasserstoff gefüllte deutsche Luftschiff Hindenburg steuerte auf dem Flugplatz Lakehurst in New Jersey langsam auf einen 50 Meter hohen Landemast zu. Es war die einundzwanzigste Atlantik-Überquerung der Hindenburg. Ein plötzlicher Funkenflug, und sogleich stand sie in Flammen. Ein Wochenschau-Team filmte die Katastrophe, als gewaltige, rotgelbe Flammen aus dem Luftschiff schlugen und es zu Boden stürzte. Von den 97 Personen an Bord kamen über dreißig ums Leben. Das Unglück wurde auf die extreme Entflammbarkeit des Wasserstoffs zurückgeführt, das den größten Teil des Luftschiffs füllte.

Dieser Ruf macht heute noch Autoherstellern zu schaffen, die mit Wasserstoff als sicherer, umweltunschädlicher Alternative zu fossilen Treibstoffen für den Fahrzeugantrieb experimentieren. Doch bei genauerer Betrachtung entpuppt sich die extreme Entflammbarkeit des Wasserstoffs als Legende.

Die Hindenburg war das größte Luftfahrzeug, das jemals geflogen ist; mit rund 250 Metern war sie länger als drei Football-Felder. Vier gewaltige V-16 Dieselmotoren von Mercedes-Benz mit einer Leistung von je 1050 PS trieben sechs Meter lange Holzpropeller an. Die Reisegeschwindigkeit betrug 125 km/h (schneller als Überseedampfer und Züge), und vollgetankt hatte sie eine Reichweite von 16 000 km. Die Einrichtung der 50 Kabinen war üppig, von einem beinahe dekadenten Luxus: Jede verfügte über Dusche und Badewanne, elektrisches Licht und ein Telefon. Im Klubraum stand ein Aluminium-Klavier. Die gemeinschaftlichen Räume waren großzügig und im Stil eines Luxusdampfers eingerichtet – und man konnte die Fenster öffnen. Es ging nicht ganz so schnell wie mit den damaligen Flugzeugen, aber es war weit komfortabler.

Die Hindenburg war mit silbrigem, pulverisiertem Aluminium angestrichen, um die riesigen Hakenkreuze am Heck besser zur Geltung zu bringen. Beim Überfliegen von Städten wurde von den Bordlautsprechern Nazipropaganda verbreitet, und die Besatzung warf Tausende von kleinen Papier-Hakenkreuzflaggen für die heraufschauenden Schulkinder ab. Kein Wunder, denn der Propagandaminister Goebbels hatte die Hindenburg finanziert.

Weil die amerikanische Regierung über die einzig nennenswerten Vorräte an Helium (ein nicht entflammbares Gas, das leichter als Luft ist) verfügte und diese nicht an die Naziregierung liefern wollte, musste die Hindenburg mit dem entflammbaren Wasserstoff fliegen.

Als die Hindenburg am 6. Mai 1937 in Lakehurst landen wollte, braute sich ein Gewitter zusammen, und die gewaltige statische Elektrizität in der Luft lud das Luftschiff auf. Als die Besatzung die Seile zum Vertäuen herunterließ, wurde die statische Elektrizität geerdet, was auf der *Hindenburg* Funken erzeugte.

Der Überzug des Zeppelins bestand aus einem Baumwollgewebe, das man, um es wasserdicht zu machen, mit (leicht entflammbarem) Zelluloseacetat imprägniert hatte. Anschließend war es mit Aluminiumpulver beschichtet worden (das heute als Raketentreibstoff dient, um Raumfähren in die Umlaufbahn zu befördern). Das Aluminiumpulver bestand genau genommen aus winzigen Flocken, die sehr leicht Funken aufnahmen. Eine elektrisch aufgeladene Atmosphäre musste die entflammbare Hülle des Luftschiffes unweigerlich in Brand setzen.

Die *Hindenburg* verbrannte mit einer roten Flamme. Doch wenn Wasserstoff brennt, ist die bläuliche Flamme fast unsichtbar. Sobald die Flammen die Wasserstoffblasen geöffnet hatten, muss der Wasserstoff daraus entwichen und sich von dem brennenden Luftschiff entfernt haben; zu dem nachfolgenden Brand kann er nicht beigetragen haben. Der Wasserstoff war völlig unschuldig. Genauso spektakulär war 1935 ein mit Helium gefülltes Luftschiff mit einer Acetat-Aluminium-Haut bei Point Sur in Kalifornien verbrannt. Ursache der *Hindenburg*-Katastrophe war nicht eine Wasserstoffexplosion.

Die Folgerung liegt auf der Hand: Wenn Sie demnächst einen Zeppelin bauen, sollten Sie die entflammbare Acetathaut nicht mit Aluminium-Raketentreibstoff anstreichen.

Wasserstoff

Wasserstoff ist das häufigste Element im Universum – er macht dort rund 75 Prozent der gesamten Masse aus. Auf der Erde ist er jedoch nur das neunthäufigste Element, mit einem Anteil von knapp einem Prozent an der Masse unseres Planeten. Wasserstoff, das einfachste und leichteste chemische Element, ist ein geruchloses, farbloses und geschmacksneutrales Gas.

Es scheint, dass Paracelsus, der deutsch-schweizer Alchemist und Arzt, der im 16. Jahrhundert lebte, mit Wasserstoff in Berührung gekommen ist. Er entdeckte, dass beim Auflösen eines Metalls in Säure ein Gas entstand, das brannte. Der englische Chemiker Henry Cavendish ging 1766 einen Schritt weiter und maß die Menge dieses Gases, das man damals »Phlogiston« oder »brennbare Luft« nannte, die aus einer bestimmten Menge von Metall und Säure entwich; er maß sogar seine Dichte. J. Waltire bemerkte 1776, dass beim Verbrennen von Wasserstoff ein paar Wassertropfen entstanden. Der französische Chemiker Antoine Laurent Lavoisier gab diesem Gas den aus dem Griechischen stammenden Namen »Hydrogenium«, was »Wassererzeuger« bedeutet.

Flüssiger Wasserstoff dient als Raketentreibstoff, und wenn er mit Sauerstoff verbrennt, entstehen Temperaturen um 2600 °C. Früher zum Befüllen von Ballons verwendet, dient Wasserstoff heute vor allem zur Herstellung von Ammoniak und Methanol, zur Entschwefelung von Benzin und zur Herstellung von Nahrungsmitteln wie Margarine.

Krebs durch Antitranspirant

Mehr als jede zwölfte Frau in Australien wird von Brustkrebs befallen. Dank verbesserter Diagnosemethoden ist die Zahl der gemeldeten Brustkrebsfälle in den letzten zwanzig Jahren gestiegen. Die Zunahme der Brustkrebsfälle soll einem verbreiteten Gerücht zufolge mit dem verstärkten Gebrauch von Deodorants zusammenhängen – und diese alte Legende erfuhr mit dem Internet und dem Aufkommen der E-Mail einen neuen Aufschwung.

Die Achselhöhle weist rund 25 000 Schweißdrüsen auf, die innerhalb von zehn Minuten etwa 1,5 ml Schweiß produzieren können. Schweiß besteht hauptsächlich aus salzigem Wasser, mit Spuren verschiedener chemischer Substanzen. In der Achselhöhle sitzen pro Quadratzentimeter etwa eine Million Bakterien. Sie ernähren sich von dem Schweiß und scheiden Abfallprodukte aus, darunter die gefürchteten Düfte des Körpergeruchs. Die meisten Antitranspirante enthalten eine Aluminiumverbindung, deren Funktion darauf zu beruhen scheint, dass sie sich in den Schweißdrüsen in unlösliches Aluminiumhydroxyd-Gel verwandelt. Dieses Gel hemmt physisch die Schweißabsonderung und unterbindet auf diese Weise die Produktion von Bakterien und Körpergeruch.

Hinter diesem Antitranspirant-Krebs-Mythos steckt die in einer E-Mail verbreitete, »wissenschaftlich« klingende Behauptung, dass »der menschliche Körper einige Stellen aufweist, über die er Giftstoffe ausscheidet: hinter den Knien, hinter den Ohren, in der Leiste und den Achselhöhlen. Die Ausscheidung der Giftstoffe erfolgt durch das Schwitzen.« Das ist von A bis Z falsch. Für die Beseitigung unerwünschter Stoffwechselnebenprodukte (der Giftstoffe) sorgen in Wirklichkeit die Nieren. Das Schwitzen dient hauptsächlich der Kühlung des Körpers.

In der E-Mail wird weiter behauptet, die Giftstoffe, die nicht über die Achselhöhlen entweichen können, setzten sich in den Lymphknoten zwischen den Achselhöhlen und dem oberen äußeren Quadranten der weiblichen Brust fest. Dies, heißt es, »führt zu einer hohen Konzentration von Giftstoffen und zu Zellmutationen, sprich zu *Krebs*«. Pathologen in aller Welt haben Millionen von Lymphknoten von Brustkrebspatientinnen untersucht. Sie fanden zwar Krebszellen, die von der Brust zum Lymphknoten gewandert sind, jedoch keine hohen Konzentrationen dieser Giftstoffe.

In der E-Mail wird weiter behauptet, der Krebs greife dann vom Lymphknoten auf die Brust über, und »fast alle Brusttumoren liegen im oberen äußeren Quadranten des Brustbereichs«. Auch das ist falsch. Erstens fließt die Lymphflüssigkeit in die Gegenrichtung, von der Brust zu den Lymphknoten. Zweitens entfallen auf den oberen äußeren Quadranten in Wirklichkeit etwa 60 Prozent aller Brusttumoren. Was seinen Grund wahrscheinlich darin hat, dass sich dort 60 Prozent des gesamten Brustgewebes befinden.

Dana K. Mirick und Kollegen haben sich in einem Artikel über die Verwendung von Antitranspiranten und das Brustkrebsrisiko mit diesem Mythos auseinandergesetzt. Sie verglichen 813 Patientinnen, bei denen zwischen November 1992 und März 1995 Brustkrebs diagnostiziert wurde, mit 793 gesunden Frauen, die in Altersgruppen von je fünf Lebensjahren den Patientinnen gegenübergestellt

wurden. Dabei fanden sie heraus, dass das Brustkrebsrisiko nicht stieg, wenn die Frauen ein Antitranspirant
verwendeten, ein Deodorant benutzten oder sich die
Achselhöhlen rasierten, gleichgültig, wie die Frauen diese
Maßnahmen zur Vermeidung von Körpergeruch kombi-
nierten.

Das Merkwürdige an dieser Legende vom Zusammenhang zwischen Antitranspirant und Krebs (und an den
Mythen über andere »Ursachen« von Krebs) ist, dass sie
Faktoren in den Vordergrund rücken, die für Krebs keine
oder nur eine geringe Rolle spielen. Zugleich ignorieren sie
bekannte Risikoaktivitäten wie Alkoholgenuss (der mit
Brustkrebs zusammenhängt) und Rauchen (Zusammenhang mit Lungenkrebs, Blasenkrebs, Nierenkrebs und anderen Krebserkrankungen im Kopf- und Halsbereich).

Achselschweiß

Ben Selinger berichtet in seinem Buch Chemistry in the Marketplace, der römische Dichter Catull habe im Jahr 50 v. Chr.
ein Gedicht über den Achselgeruch geschrieben. Catull
war sicherlich seiner Zeit voraus, denn er scheint über
Bakteriologie und Molekularbiologie sehr gut Bescheid zu
wissen. Das Gedicht geht folgendermaßen:

> Schaden bringt dir ein schlimmes Gerücht, das sagt,
> bei dir hause
> Unter der Höhle des Arms ein ganz entsetzlicher Bock.
> Den aber fürchten alle; kein Wunder: da dies ein
> schlimmes Tier, mit dem zu Bett legt sich kein
> niedliches Kind.
> Bring entweder um die grausame Pest für die Nasen
> Oder staune nicht mehr, dass man dich allgemein
> flieht.

Die unter Ihren Achseln lebenden Bakterien erzeugen chemische Substanzen. Eine davon, 4-Ethyloctansäure, riecht

tatsächlich wie ein Ziegenbock. Sie wirkt besonders anziehend auf läufige Ziegen. Falls Ihre Achselhöhlen diesen Geruch erzeugen, sollten Sie genau aufpassen, wann Sie Ihre Arme heben. Sonst könnte es Ihnen passieren, dass Sie von einer Horde lüsterner Ziegen verfolgt werden.

Dinosaurier und Höhlenmenschen

Dinosaurier, diese schwerfälligen Riesentiere aus grauer Vorzeit, üben auf die meisten Menschen eine starke Faszination aus. Es gibt eine Menge Mythen über Dinosaurier, doch der beliebteste unter den Top-Ten-Dinosaurier-Mythen (nach der Zeitschrift *New Scientist*) ist der, dass Menschen und Dinosaurier gleichzeitig lebten.

Die ersten Dinosaurier sind vor rund 228 Millionen Jahren entstanden, und sie haben sehr lange überlebt, denn sie sind erst von 65 Millionen Jahren ausgestorben. (Menschen gibt es dagegen erst seit drei Millionen Jahren.) Von modernen Reptilien unterschieden sich die Dinosaurier dadurch, dass sie nicht zwei, sondern fünf Hüftwirbel hatten. Außerdem befanden sich die Beine direkt unter dem Körper, statt seitwärts ausgestellt zu sein, sodass sie schneller laufen konnten. Die ersten Fossilfunde wurden um 300 v. Chr. in der chinesischen Provinz Sichuan gemacht, denn Chang Qu schrieb damals von »Drachenknochen« – tatsächlich handelte es sich um Dinosaurierknochen.

Die moderne Geschichte der Dinosaurier-Faszination begann nach 1820, als der Geistliche William Buckland und der Arzt Gideon Mantell unabhängig voneinander in Steinbrüchen im Süden Englands seltsame, riesige Knochen entdeckten. Der englische Anatom Richard Owen schlug 1842 für diese riesigen, ausgestorbenen Tiere den Namen »Dinosaurier« vor, aus den altgriechischen Wörtern für »schrecklich« und »Echse«, also »Schreckensechse«. Damit waren der Dinosaurier-Faszination Tür und Tor geöffnet.

Der erste nachweisbare Film-Dinosaurier hatte seinen Gastauftritt in dem 1912 entstandenen Film *Man's Genesis* von D. W. Griffith. Doch der erste Dinosaurierfilm, der die Phantasie fesselte, war *Gertie the Dinosaur*, ein Trickfilm von 1914. Seitdem sind Hunderte von Filmen mit Dinosauriern gedreht worden, darunter der 1966 entstandene wunderbare *Eine Million Jahre vor unserer Zeit*, in dem Raquel Welch – mitsamt reizendem Fellbikini, gewachsten Achseln und schimmernden, wohlfrisierten Haaren – mit Dinosauriern zusammenlebt. Ein Nebeneinander von Dinosauriern und Menschen gab es auch in der Cartoonserie *Familie Feuerstein* und in James Gurneys Büchern über *Dinotopia*. Edgar Rice Burroughs' Bücher über Pellucidar stärkten den Mythos mit der Beschreibung von unterirdischen Höhlen auf unserem Planeten, in denen Dinosaurier und Höhlenmenschen nebeneinander existierten. Menschen, die gleichzeitig mit Dinosauriern leben, finden Sie auch in Strickmusterbüchern und in den Lehren etlicher Gruppen fundamentalistischer Christen, die glauben, die Welt sei rund 6000 Jahre alt.

Das ist reine Phantasie. Die Geologie verfügt über eine ganze Reihe von genauen, verlässlichen Datierungsverfahren. Sie bestätigen einhellig, dass die Dinosaurier vor 65 Millionen Jahren ausgestorben sind. Die eigentliche Evolution von Menschen in ihrer heutigen Erscheinungsform hat dagegen erst vor ein paar Millionen Jahren begonnen.

In diesem Fall gewährt uns die Wissenschaft aber einen romantischen Ausweg, um weiterhin an die Koexistenz von Dinosauriern und Menschen zu glauben. Vögel, die sich vor etwa 150 Millionen Jahren entwickelten, können zu den Dinosauriern gerechnet werden. Wir leben also zumindest zusammen mit den unmittelbaren Nachfahren, die heute Federn tragen.

Die neun anderen Dino-Mythen

Hier die neun weiteren beliebtesten Mythen laut *New Scientist*:

* Säugetiere sind erst nach dem Aussterben der Dinosaurier entstanden.
* Die Dinosaurier sind ausgestorben, weil Säugetiere ihre Eier fraßen.
* Die Dinosaurier wurden durch ein einziges Ereignis ausgelöscht, den Einschlag eines großen Asteroiden vor 65 Millionen Jahren in der Gegend des heutigen Golfs von Mexiko.
* Die Dinosaurier sind ausgestorben, weil sie sich nicht weiterentwickelt haben.
* Alle Dinosaurier sind vor 65 Millionen Jahren ausgestorben.
* Alle großen Reptilien in vorgeschichtlicher Zeit waren Dinosaurier.
* Im Meer lebende Reptilien wie der Plesiosaurus und der Ichthyosaurus waren Abarten des Dinosauriers.
* Fliegende Reptilien waren Dinosaurier.
* Die Dinosaurier waren langsame, schwerfällige Tiere.

Wachstumsschübe

Kinder, so die allgemeine Ansicht, werden allmählich größer, bis ihr Wachstum langsam endet. In medizinischen Lehrbüchern verlaufen die Wachstumskurven von Babys gleichmäßig, ohne Sprünge. Als Wissenschaftler tatsächlich die Größe von Babys maßen, zeigte sich, dass sie die meiste Zeit überhaupt nicht wachsen und dann über Nacht einen Wachstumsschub haben.

Seit einiger Zeit ist bekannt, dass Neugeborene unmittelbar nach der Geburt Gewicht verlieren, das sie dann innerhalb von rund zehn Tagen wieder aufholen. Bei der Geburt ist ein Kind im Durchschnitt 50 cm lang, und im ersten Lebensjahr wächst es um 25 – 30 cm. Innerhalb von fünf Monaten erreichen Kinder das Zweifache ihres Geburtsgewichts, und bis sie ein Jahr alt werden, verdreifachen sie es.

Danach verlangsamt sich ihr Wachstum, und im zweiten Lebensjahr legen sie nochmal 2,5 kg und 12 cm Länge zu. Im dritten, vierten und fünften Jahr ist ihr Wachstum relativ konstant: Pro Jahr werden sie 2,5 kg schwerer und 7 cm größer.

Davon, dass dieses Wachstum sich gleichmäßig über das ganze Jahr verteilt, waren jedoch nicht alle überzeugt. Deshalb machten sich Dr. Lampl von der Universität von Pennsylvania und die Dres. Veldhuis und Johnson vom Health Services Center der Universität von Virginia daran, diese Frage zu klären.

Sie verfolgten das Wachstum von 31 gesunden weißen Kindern (19 Mädchen und 12 Jungen) vom Alter von drei Tagen bis zu 21 Monaten und maßen in unterschiedlichen zeitlichen Abständen die Größe dieser Kinder. Während der ersten 21 Lebensmonate wurden zehn dieser Kinder wöchentlich, 18 zweimal wöchentlich und drei täglich gemessen. (Drei ist nicht gerade eine große Stichprobe, aber es ist ein Anfang.)

Die Genauigkeit der Messung stellte das Team vor große Probleme. Sie benutzten ein spezielles Messgerät mit einem feststehenden Kopfbrett und einem verschiebbaren Fußbrett. Einer der eigens dafür ausgebildeten Beobachter hielt den Kopf des Kindes, der andere übte einen sanften, aber festen Druck auf den Körper aus, damit die Beine gestreckt waren und die Füße einen rechten Winkel zu den Beinen bildeten. Dann wurde das Fußbrett an die Füße herangeführt, und zum Schluss prüfte man noch einmal, ob Kopf und Körper des Kindes richtig lagen. Wenn alles stimmte, wurde die Größe von der Messskala des Geräts abgelesen, bis auf einen halben Millimeter.

Ferner wurden 90 Prozent aller Messungen möglichst gleichzeitig vorgenommen, mit einem Spielraum von drei Stunden. Damit wurde der Umstand berücksichtigt, dass man morgens am größten ist und im Laufe des Tages langsam schrumpft. Um ganz sicher zu gehen, wurde die Messung eine Stunde später wiederholt und immer von denselben Leuten durchgeführt.

Die Ergebnisse waren verblüffend. Bei der wöchentlichen Kontrolle kam heraus, dass einige der Kinder über einen Zeitraum von bis zu 63 Tagen (das sind mehr als zwei Monate) überhaupt nicht wuchsen und dann einen plötzlichen Wachstumsschub von bis zu 25 mm hatten. Bei den täglich gemessenen Kindern gab es Phasen ohne Wachstum, die von zwei bis 28 Tage reichten, und dann Wachstumsschübe zwischen acht und 16 mm. Der Höchstwert von 16 mm ist für ein Wachstum über Nacht gewaltig. (Die Sprünge waren um einiges größer als jeder erdenkliche Messfehler, nämlich um das 2,5- bis Zehnfache.)

Das Team weiß nicht, worauf dieses Muster beruht, dass auf lange Phasen des Nullwachstums ein plötzlicher großer Wachstumsschub über Nacht folgt. Der Befund wird aber diejenigen Eltern beruhigen, die beschwören, dass ihre Kinder in nur wenigen Tagen aus ihren Kleidern gewachsen sind. Und es könnte Ihnen helfen, die alte Frage zu beantworten, warum Ihre Kinder plötzlich unerklärliche heftige Schmerzen in verschiedenen Teilen ihres Körpers bekommen. Mit »Wachstumsschmerzen« liegen Sie wahrscheinlich richtig.

Hemmt Fernsehen das Wachstum?

Aus zumindest einer Untersuchung geht hervor, dass zu viel Fernsehen das Wachstum von Jungen im Teenageralter unterbrechen kann.

Das Menzies Research Institute in Hobart hat während des Winters 130 Jungen im Alter von 16 und 17 Jahren sechs Wochen lang beobachtet. Bei einem Fernsehkonsum von weniger als einer Stunde täglich wuchsen sie um 7,5 mm. Wenn sie täglich zwei bis drei Stunden fernsahen, wuchsen sie langsamer, nämlich nur 2,5 mm. Und bei mehr als vier Stunden Fernsehen täglich wuchsen sie in den sechs Wochen gar nicht.

Was ist da los?

Professor Graeme Jones sieht die Erklärung im Vitamin D, das für das Knochenwachstum erforderlich ist. Kinder brauchen für die Deckung ihres Vitamin-D-Bedarfs rund acht Stunden Sonnenlicht an Händen und Füßen. Wenn sie viel fernsehen, bekommen sie nicht den nötigen Sonnenschein. Sie könnten ihr Vitamin D bekommen, wenn sie Hochseefische essen, zum Beispiel Lachs, aber leider essen die meisten australischen Teenager nicht viel Lachs.

Werden die Teenager das versäumte Wachstum irgendwann nachholen? Das kann beim derzeitigen Forschungsstand niemand sagen.

Professor Jones beschränkt den Fernsehkonsum seiner eigenen Kinder auf eine Stunde pro Tag und ermuntert sie, im Winter nach draußen zu gehen.

Wahrheitsserum

Seit den Terroranschlägen auf die beiden Türme des World Trade Center am 11. September 2001 ist gefordert worden, beim Verhör von »Quellen, die nicht kooperieren« abgekürzte Verfahren anzuwenden. Sir James Stephens schrieb 1883, es sei »weit angenehmer, bequem im Schatten zu sitzen und einem armen Teufel Pfeffer in die Augen zu reiben, als in der Sonne herumzulaufen und Beweise aufzuspüren«. Die meisten von uns werden das als Folter betrachten und darüber entsetzt sein. Lieber werden wir zu dem schmerzlosen und wohlbekannten »Wahrheitsserum« greifen, um an die gewünschten Informationen heranzukommen.

Die Sache hat jedoch einen Haken. Wir kennen keine Droge, welche die Abwehr eines Menschen so weit lockert, dass er bereitwillig und zuverlässig die Wahrheit enthüllt.

Das Körnchen Wahrheit in diesem Mythos ist, dass einige Drogen durchaus die Zunge zu lösen vermögen. Plinius der Ältere schrieb im Jahr 77: »In vino veritas«, »Im Wein ist Wahrheit«. Anfang des 20. Jahrhunderts benutzten Geburtshelfer den Pflanzenextrakt Scopolamin, um während der Entbindung einen entspannten Zustand und eine Art »Dämmerschlaf« herbeizuführen. (In kleinen Mengen wurde er auch zur Linderung von Reisekrankheit benutzt.) Die Ärzte bemerkten rasch, dass die Frauen sich unter dem Einfluss von Scopolamin zuweilen sehr freimütig äußerten.

Robert House, ein Geburtshelfer aus Dallas, Texas, wandte Scopolamin 1922 bei angeblich schuldigen Angeklagten an. Nach seiner Überzeugung war die damalige Polizeiführung korrupt, und er wollte die Unschuldigen befreien. Unter dem Einfluss dieser Droge beteuerten die Angeklagten ihre Unschuld, und die anschließenden Prozesse bestätigten das. Enthusiastisch verkündete Dr. House, Scopolamin erzeuge einen Zustand, in dem ein Mensch »keine Lüge hervorbringen kann ... und er vermag nicht zu denken oder zu überlegen«. Das war eine spannende Sache, und seine Vorgehensweise sprach sich schnell herum. Der *Los Angeles Record* war vermutlich die erste Zeitung, in der die eingängige Wendung vom »Wahrheitsserum« zu lesen war.

Bald griffen Psychiater zu Scopolamin und Barbituraten (wie Natriumpentothal), um Licht in die verborgenen Winkel der Seele zu werfen. Die Barbiturate und das Scopolamin schienen am besten zu wirken, wenn die Person sich im beruhigten Zustand der Betäubung befand, in dem die gewohnten Denkmuster ausgeschaltet sind.

Erst nach Jahrzehnten erkannte man, dass der Haken an all diesen »Wahrheitsseren« darin bestand, dass es nicht möglich war, die Wahnvorstellungen, Ängste und Phantasien der Person von der Realität zu unterscheiden. Manche gestanden sogar Verbrechen, die sie eindeutig nicht begangen hatten, vielleicht sogar den Mord an einer nicht-existierenden Stiefmutter. Es war zu erwarten, dass sie etwas gestanden, wenn sie einen starken Wunsch hatten, bestraft zu werden.

Diverse staatliche »Geheimorganisationen« haben sich lange für ein »Wahrheitsserum« interessiert. So betrieb der amerikanische Geheimdienst CIA 25 Jahre lang das MKULTRA-Projekt, ein Forschungsprogramm zur Verhaltensänderung. Dabei kam heraus, dass der vermutlich effektivste Aspekt der sogenannten Wahrheitsseren darin bestand, den Betreffenden fälschlich glauben zu machen, er habe mehr enthüllt, als er tatsächlich verraten hatte. Der Verdächtige wurde durch diesen Trick in vielen Fällen dazu gebracht, anschließend die Wahrheit preiszugeben.

Ein Wahrheitsserum leistet wahrscheinlich nicht mehr, als jemandem die Zunge zu lösen – dabei ist aber nicht garantiert, dass man die Wahrheit erfährt, höchstens bekommt man einen verzerrten Einblick in sein Unbewusstes ...

Wie das »Wahrheitsserum« zu verabreichen ist

Im Laufe der Zeit sind verschiedene Drogen als »Wahrheitsserum« ausprobiert worden, darunter Scopolamin, Barbiturate (Natriumpentothal) und Natriumamytal sowie Halluzinogene (LSD und Psilocybin). Entscheidend war die Verabreichung der Droge.

So können vier verschiedene Stadien des Abstiegs ins Unbewusste beschrieben werden:

Stadium 1: Sedativ, entspannt
Stadium 2: Bewusstlos, mit übersteigerten Reflexen
Stadium 3: Bewusstlos, ohne Reflexe
Stadium 4: Tod (hoppla, zu weit gegangen!)

Stadium 1 lässt sich weiter unterteilen in drei Ebenen:

Ebene 1: Kein oder nur geringer sedativer Effekt
Ebene 2: Wolkig, verschwommen, ruhig, nach dem Erwachen keine Erinnerung an diese Ebene
Ebene 3: Schlechte Koordination, Nuscheln, suggestibel

Am wirksamsten lösen Wahrheitseren die Zunge auf Ebene 3 des Stadiums 1. Das kann zahlreiche Injektionen über einen Zeitraum von zwei bis zehn Stunden erfordern.

Sogar die eine Spritze Wahrheitsserum, die man in Filmen sieht, ist also falsch!

Nägel und Haare von Toten wachsen weiter

Thomas Decker, englischer Dramatiker des 17. Jahrhunderts, glaubte, dass Nägel und Haare nach dem Tod eine Zeit lang weiterwachsen. In gewandten Worten schrieb er: »Das Haar ist das Gewand, welches die kuriose Natur webt, um es aufs Haupt zu hängen und unsere Leiber zu schmücken. Gott schenkt uns dieses Gewand, wenn wir geboren werden. Wenn wir sterben, ist es wie ein weicher, seidener Baldachin noch immer über uns. Obwohl wir tot sind, wächst unser Haar im Grabe, und es allein wirkt frisch, wenn all unsere sonstige Schönheit vergangen ist.«

In seinem packenden Roman Im Westen nichts Neues stellt Erich Maria Remarque sich vor, dass die Nägel eines beerdigten Freundes spiralförmig weiterwachsen. Und selbst heute, in unserer angeblich so aufgeklärten Zeit, sind noch immer viele überzeugt, dass Haare und Nägel nach unserem Tod weiterwachsen. (Es mag an der morbiden Faszination liegen, die von trübsinnigen, melancholischen Fakten auf uns ausgeht ...)

Die Behaarung kann unterschiedliche Funktionen erfüllen: Vielen Tieren dient sie als Kälteschutz, anderen als Tarnung, die sie mit dem Hintergrund eins werden lässt. Natürlich spielen Haare eine wichtige Rolle für die sexuelle Anziehung und Erkennung, und nachtaktiven Tieren dienen sie sogar als Sinnesorgan. Die Menschen sind in dieser Hinsicht wahrscheinlich die unbehaartesten Säugetiere.

In einem Monat wachsen Haare um etwa 13 Millimeter. Die Fingernägel wachsen viermal langsamer als die Haare: rund einen Millimeter pro Woche bei jungen Menschen und einen Millimeter in zehn Tagen bei älteren Menschen. Noch langsamer wachsen die Zehennägel – ungefähr halb so schnell wie die Fingernägel.

Haare und Fingernägel wachsen nach dem Tod nicht weiter. Es ist eine optische Täuschung, wie wenn man in einem stehenden Zug sitzt und der Zug auf dem nächsten Gleis anfährt. Einen Moment lang glaubt man, der eigene Zug fahre rückwärts. (Albert Einstein soll gesagt haben: »Wann kommt Clapham Junction an diesem Zug an?«) So ist es auch mit Haaren und Nägeln: Sie bleiben nach dem Tod stehen, die Haut weicht zurück.

Nach dem Tod verlieren wir Wasser. Bestattungsinstitute versuchen, dem entgegenzuwirken, und tragen diverse Feuchtigkeitscremes auf die sichtbaren Hautpartien auf – besonders bei Männern mit dichtem Bart.

Ermittlungen am Tatort: Haare und Nägel

Bei tätlichen Auseinandersetzungen werden immer irgendwelche Dinge zwischen Angreifer und Opfer ausgetauscht. Unter den Fingernägeln bleiben dann Hautfetzen, Haare oder Fasern von der Bekleidung hängen. Tatortermittler interessieren sich seit Langem für diese Materialien.

Einer der ersten Artikel zu diesem Thema erschien 1857 in Frankreich. Ein halbes Jahrhundert später war es gang und gäbe, jedes am Tatort gefundene Haar mikroskopisch zu untersuchen. 1931 erschien das Buch *Hairs of Mammalia from the Medico-Legal Aspect* von Professor John Glaister.

Haare bestehen aus Proteinen, die sich sehr schwer zersetzen, und bleiben daher lange nach dem Tod eines Menschen erhalten. Zu Lebzeiten ist Haar sehr »aufnahmefähig« und wird daher im Falle einer Arsenvergiftung Spuren von Arsen aufnehmen.

Mensch auf dem Mond – eine Fälschung

Am 15. Februar 2001 brachte der amerikanische Sender Fox TV eine Sendung unter dem Titel *Verschwörungstheorie: Waren wir tatsächlich auf dem Mond?*. Mitch Pileggi, Schauspieler in *Akte X*, führte als Moderator durch die vierstündige Sendung, in der behauptet wurde, die ganze Apollo-Mondlandung sei von der NASA vorgetäuscht und in Wahrheit seien die Bilder in einem Filmstudio gedreht worden. Dieser Mythos hat eine kleine, treue Anhängerschar: zwei Umfragen – 1995 von Time, 1999 von Gallup – ergaben, dass sechs Prozent der Amerikaner »bezweifeln«, dass zwölf Astronauten auf dem Mond waren.

Die Verschwörungstheoretiker führen allerlei Beweise dafür an.

Sie weisen zum Beispiel darauf hin, dass auf keinem der Fotos, die angeblich die Astronauten auf der luftlosen Mondoberfläche zeigen, die Sterne am schwarzen Himmel zu sehen seien. Das lässt sich sehr einfach erklären. Auch ein Film von der höchsten heute erreichten Qualität kann nicht gleichzeitig ein sehr helles Objekt (weißer Raumanzug im Sonnenlicht) und ein sehr schwaches Objekt (Stern) zeigen. Der Astronaut Story Musgrave, der sechsmal mit der Raumfähre geflogen ist, sagte, auch er habe, wenn er außerhalb der Fähre im hellen Sonnenschein war, die Sterne nicht sehen können. Er sah sie jedoch, wenn die Fähre sich im Schatten der Erde befand und seine Augen sich auf die dunklere Umgebung hatten einstellen können. (Alle Mondflüge fanden übrigens während des Mondtages, der knapp 28 Erdentage dauert, statt, damit die Astronauten genug sehen konnten.) Wie dem auch sei: Wann haben Sie zum letzten Mal am helllichten Tag Sterne am Himmel gesehen?

Die Zweifler weisen ferner darauf hin, dass die Schatten, welche die Astronauten und die wissenschaftlichen Geräte auf der Mondoberfläche werfen, auf den Fotos nicht ganz parallel verlaufen. Das müssten sie aber, wenn sie von einer einzigen, fernen Lichtquelle wie der Sonne erzeugt wurden. Das stimmt schon, aber nur, wenn man von einer glatten Oberfläche und einem dreidimensionalen Feld ausgeht. Wenn man die dreidimensionale Realität einer unebenen Oberfläche auf einem flachen, zweidimensionalen Foto abzubilden versucht, fallen die Schatten in leicht voneinander abweichende Richtungen.

Die Verschwörungstheoretiker behaupten ferner, die auf dem Standfoto zu beobachtende Wellung der amerikanischen Flagge beweise, dass die Landung in einem Filmstudio simuliert wurde, weil nur bewegte Luft eine Flagge wellen könne. Das ist aus mehreren Gründen Unsinn. Erstens gibt es in einem Filmstudio keinen Wind, es sei denn mit einer Maschine. Zweitens hätte der Wind im Filmstudio, wenn er denn stark genug war, um eine Flagge zu wellen, auch den Staub unter den Füßen der Astronauten aufgewirbelt. Doch drittens – und das ist das Wichtigste – war die Wellung der Flagge ein wohldokumentiertes Malheur. Die Werkstätten beim Manned Spacecraft Center in Houston, Texas, befestigten die aus Nylon gefertigte amerikanische Flagge an zwei Stangen, einer senkrechten und einer waagrechten. Die Stangen waren ausziehbar, damit sie während des Fluges möglichst wenig Platz wegnahmen. Neil Armstrong und Buzz Aldrin schafften es nicht, die waagrechte Stange ganz auszuziehen, was die Wellung verursachte. Weil die Flagge dadurch einen realistischen »Eindruck« machte, zogen spätere Apollo-Besatzungen die waagrechte Stange mit Absicht nicht ganz aus.

Die gewellte Flagge ist sogar ein zusätzlicher Beweis dafür, dass die Astronauten wirklich auf dem Mond waren. Die Flagge wellt sich, weil sie soeben aufgezogen wurde. Und die Wellenbewegung setzt sich auf sehr ungewöhnliche Weise für kurze Zeit fort. Das liegt daran, dass die Schwerkraft des Mondes ein Sechstel der Erdgravitation beträgt und dass es auf dem Mond keine Luft gibt, die die Bewegung der Flagge rasch dämpfen würde.

Dass Menschen tatsächlich auf dem Mond waren, wird letztendlich unbestreitbar durch das Vorhandensein von insgesamt 382 kg Mondgestein bewiesen, die von Tausenden unabhängigen Geologen in aller Welt untersucht wurden. Dieses Gestein wurde mit einigen Dutzend Mondbrocken verglichen, die, von Meteoreinschlägen auf dem Mond abgesprengt, in der Antarktis landeten, sowie mit einigen Gesteinsbrocken, die von einem unbemannten russischen Raumschiff auf dem Mond geborgen wurden. All diese Gesteinsproben weisen übereinstimmende Merkmale auf.

Mondgesteine sind einzigartig. Erstens enthalten sie sehr wenig Wasser. Zweitens strotzen sie vor seltsamen kleinen Löchern, weil sie seit Millionen von Jahren auf der luftlosen Oberfläche des Mondes mit kosmischer Strahlung bombardiert wurden. Sie weichen so sehr von irdischen Gesteinen ab, dass es mit unseren verfügbaren Techniken nicht möglich ist, sie nachzubilden. Dazu müsste man sie einige Jahre lang auf einer Temperatur von rund 1100 °C halten und gleichzeitig einen Druck von 1000 Atmosphären auf sie ausüben, und anschließend müsste man sie unter Aufrechterhaltung des Drucks über mehrere Jahre hinweg langsam abkühlen lassen.

Es gibt noch einen Beweis. Seit 1969 hat man neue geologische Datierungsverfahren entwickelt, die bezüglich des Mondgesteins übereinstimmende Ergebnisse liefern. Wenn es eine Verschwörung gegeben haben sollte, hätten die NASA-Wissenschaftler schon 1969 wissen müssen, welche Datierungsverfahren in den nächsten 30 Jahren entwickelt werden würden, und das von ihnen präsentierte Gestein dementsprechend fälschen müssen.

Nachdem ich alle Beweise geprüft habe, mache ich mir gern die Worte von Albert von Szent-Györgyi Nagyrápolt zu eigen, der 1937 den Medizin-Nobelpreis erhielt: »Nach den Apollo-Flügen müssen wir das Wort ›unmöglich‹ aus dem wissenschaftlichen Wortschatz streichen. Sie sind die großartigste Ermutigung für den menschlichen Geist.«

Weitere Einwände

Die Verschwörungstheorie von der »vorgetäuschten Mondlandung« wirft Dutzende von Problemen auf, von denen ich nur zwei aufgreife. (Wenn Sie mehr darüber lesen wollen, schauen Sie auf der »Bad Astronomy«-Homepage von Phil Plait nach: www.badastronomy.com).

Erstens: Wie täuscht man ein ganzes weltweites Netz von 400 000 Wissenschaftlern, Ingenieuren, Gelehrten, Juristen, Buchhaltern, Technikern und Bibliothekaren, die alle dazu beigetragen haben, dass dieses gewaltige Projekt Wirklichkeit wurde?

Zweitens: die Bilder. Die NASA hat die Mondlandungen live übertragen und allen Fernsehsendern der Welt unentgeltlich zur Verfügung gestellt. Die meisten Bilder sind reichlich verschwommen, weil man damals keine bessere Technik hatte. Was sie der Welt aber auch zur Verfügung stellten, waren 1359 Fotos allerhöchster Qualität auf 70-mm-Film, 17 stereoskopische Doppelfotos von der Mondoberfläche auf 35-mm-Film von sehr hoher Qualität und 58 134 Fotos auf 16-mm-Film von hoher Qualität. Handelt so eine Organisation, die eine riesige Verschwörung zu verheimlichen versucht?

Die Theorie der wirklichen Verschwörung

Warum gibt es keine Fotos davon, wie Neil Armstrong auf dem Mond spazieren geht? Bei der ersten Landung kreiste Michael Collins weiter um den Mond, während Neil Armstrong und Buzz Aldrin die Oberfläche erkundeten.

Hier ist eine raffinierte und vollkommen unbeweisbare Verschwörungstheorie (ich hörte sie von einem Physiker, der einen anderen Physiker kannte, der Wernher von Braun, den berühmten Raketenwissenschaftler, kennengelernt hatte – also muss sie wahr sein!).

Anscheinend sollte Buzz Aldrin der erste Mensch sein, der seinen Fuß auf den Mond setzte. Doch in letzter Minute berief Neil Armstrong sich auf seinen Rang – er war schließlich der Kommandant von Apollo 11 – und entschied, dass er als erster Mensch den Mond betreten würde.

Dafür rächte sich (dieser Verschwörungstheorie zufolge) Buzz Aldrin, indem er es ablehnte, Fotos von Neil Armstrong zu machen. Die einzigen Fotos von Neil Armstrong auf dem Mond hat er selbst gemacht: Es sind winzige Spiegelungen von ihm in der vergoldeten Sichtscheibe des Raumhelms von Buzz Aldrin.

Kamelhöcker

Über das Kamel gehen zwei Mythen um: dass es ein von einer Expertengruppe entworfenes Pferd sei und dass es in seinem Höcker Wasser speichern könne.

Kamele sind vor rund 40 Millionen Jahren auf dem nordamerikanischen Kontinent entstanden und dort inzwischen ausgestorben. Vor einer Million Jahre gelangten Kamele nach Südamerika und Asien. In dieser Zeit machten sie eine beeindruckende Evolution durch, um sich selbst in den härtesten Umgebungen zu behaupten. Sie spreizen ihre weichen Füße sehr weit, sodass sie mühelos über Schnee und Sand gehen können. An der Brust und an den Knien haben sie hornige Stellen, die ihr Gewicht aufnehmen, wenn sie niederknien. Sie sind hervorragend angepasst, um Sandstürme zu überstehen: Die Ohren sind von Haaren umgeben, die Augen besitzen zwei Reihen von Wimpern, und sie können ihre Nasenlöcher schließen.

Heute gibt es noch zwei Arten von Kamelen.

Das arabische Kamel (Dromedar) hat eine Schulterhöhe von zwei Metern und einen Höcker, und es kann 18 Stunden lang mit Geschwindigkeiten von bis zu 16 km/h dahintraben.

Das baktrische Kamel, bei uns Trampeltier genannt, mit seinen zwei Höckern diente in den Hochländern Zentralasiens lange als Lasttier. Es hat kürzere Beine als das arabische Kamel, aber einen kräftigeren Körperbau. Auch ist es sehr viel langsamer (3 – 5 km/h), kann aber mit einer sehr schweren Last an einem Tag 50 Kilometer zurücklegen.

Von den Dromedaren gibt es in Afrika und im Nahen Osten etwa 17 Millionen und weitere zwei Millionen in Pakistan und Indien. Von den Trampeltieren gibt es nur zwei Millionen, hauptsächlich in den Hochländern Zentralasiens.

Kamele speichern in ihren Höckern kein Wasser, sondern den größten Teil ihres Körperfettes – bis zu 35 Kilo. (Damit erklärt sich der geringe Fettgehalt von Kamelfleisch.) Die Speicherung von so viel Fett auf dem Rücken hat den Vorteil, das Kamel gegen die Glut der Wüstensonne zu isolieren. Das Fett isoliert auch noch auf andere Weise. Weil es normalerweise nur gering durchblutet ist, kann es, auch wenn es selbst warm wird, nur sehr wenig Wärme an den Hauptkreislauf abgeben.

Der Kamelhöcker dient also hauptsächlich als gewichtiger Nahrungsvorrat, nicht als Wasserspeicher. Wenn das Tier auf diesen Vorrat zurückgreift, muss es dafür eine Menge Wasser opfern, das über die Lunge verdampft wird. Das Verbrennen von einem Gramm Fett kostet über ein Gramm Wasser. Weil dafür viel Sauerstoff erforderlich ist, muss das Kamel stärker atmen – und beim Ausatmen verliert es die Flüssigkeit.

Wie kann ein Kamel dann aber 17 Tage ohne Wasseraufnahme auskommen?

Erstens können Kamele dank ihrer Evolution ohne nachteilige Folgen bis zu 25 Prozent ihres Gewichts verlieren. Menschen können das nicht ohne Weiteres.

Zweitens sind sie auf sparsamen Umgang mit Wasser ausgelegt. Mit dem Urin scheiden sie sehr wenig Flüssigkeit aus, weil die Nieren ihn so eindicken, dass er wie Sirup ist. Ihr Kot ist so trocken, dass die runden Kügelchen sofort als Brennmaterial verfeuert werden können. Kamele passen ihre Körpertemperatur (von 34 bis 41,7 °C) an die Temperatur der Umgebung an und vermeiden dadurch, durch Schwitzen Wasser zu vergeuden. Und wenn sie zusätzlich Flüssigkeit benötigen, holen sie diese aus allen im Körper vorhandenen Reserven, ausgenommen die Blutbahn. Während ihr Körper Wasser abgibt, kann das Blut, ohne zu »verklumpen«, normal weiterzirkulieren. So etwas kann kein anderes Säugetier.

An einer Wasserquelle können sie innerhalb von zehn Minuten bis zu hundert Liter trinken. Diese gewaltige Menge wird vom Darm ganz langsam abgegeben, damit der Stoffwechsel nicht plötzlich überlastet wird.

Merke: Kamele haben kein Wasser in ihrem Höcker, und sollten sie wirklich von einer Expertengruppe entworfen worden sein, haben deren Mitglieder ihre Sache sehr gut gemacht.

Kamele in Australien

»The Ghan« ist ein Zug, der zwischen Darwin im Norden und Adelaide im Süden verkehrt. Die im Jahr 2004 fertiggestellte Strecke, 2979 km lang, war das größte Infrastrukturprojekt Australiens in den letzten fünfzig Jahren. Der Zug ist einen halben Kilometer lang und benötigt für die Strecke gut zwei Tage (einschließlich vier Aufenthalten und planmäßigen Pausen für Besichtigungen). Bei Höchstgeschwindigkeit (rund 100 km/h) benötigt dieser gewaltige Zug einen Bremsweg von zwei Kilometern. Diesel im Wert von 700 Dollar wird allein dafür benötigt, die Maschine zu starten und in ruhigen Lauf zu bringen sowie alle Wagen einschließlich Stromversorgung, Vakuumbremsen usw. voll zu integrieren.

Seinen Namen hat »The Ghan« von den afghanischen Kameltreibern, die vor 150 Jahren mitsamt ihren Kamelen nach Australien gebracht wurden. Kamele waren das ideale Transportmittel durch die Wüsten des Outbacks, und die Afghanen verstanden sich seit Jahrtausenden auf den Umgang mit den Tieren. Bei den ersten Forschungsreisenden und dann bei den Arbeitern, die die verschiedenen Telegrafenleitungen verlegten, waren diese unverwüstlichen Tiere, die mühelos mit den äußerst schwierigen Verhältnissen fertig wurden, sehr beliebt. Im Inneren Australiens gibt es heute rund 25 000 wild lebende Kamele.

Waffenschalldämpfer

Zu einem richtigen Kriminalfilm gehört die Szene, wo der Bösewicht einen kleinen, zigarrenförmigen Schalldämpfer auf den Lauf einer gewaltigen Handfeuerwaffe schraubt, um dann kaltblütig einige der unschuldigen »Good Guys« abzuknallen. Durch den Schalldämpfer wird aus dem sehr lauten Knall einer Feuerwaffe das leise »Plopp« eines Steins, der ins Wasser fällt. Wieder einmal siegt die künstlerische Freiheit.

Vorab ein bisschen Chemie und Physik. Grundprinzip einer Feuerwaffe ist das Abbrennen einer schnell entflammbaren chemischen Substanz wie Schießpulver. Das geringe Volumen Schießpulver verwandelt sich in ein riesiges Volumen Gas, das entweichen möchte. Das Gas dehnt sich aus und treibt die Kugel durch den Lauf der Waffe. Nachdem die Kugel den Lauf verlassen hat, trifft eine unter Hochdruck stehende Gaswelle auf die Atmosphäre und verlangsamt sich. Der Druck ist wirklich hoch, um die 300 Atmosphären (das entspricht 3000 Tonnen pro Quadratmeter). Der Druck in einem Autoreifen beträgt demgegenüber rund 2 bis 3 Atmosphären.

Alle Feuerwaffen machen zumindest ein Geräusch – wenn das Schießpulver explodiert.

Das erste Geräusch ist das des sich ausdehnenden Hochdruckgases. Eine sehr viel zivilisiertere und leisere Version davon hören Sie, wenn Sie eine Flasche Champagner aufmachen. Ein Schalldämpfer kann diesen ersten Laut abmildern.

Ein zweites Geräusch entsteht, wenn die Kugel schneller fliegt als mit Schallgeschwindigkeit – es entsteht ein richtiger kleiner Überschallknall. Dagegen kann ein Schalldämpfer überhaupt nichts ausrichten. Die Kugel aus einem Hochleistungsgewehr fliegt schneller als der Schall, die Kugel aus einer kleinen Pistole fliegt dagegen langsamer.

Hiram P. Maxim (Sohn von Hiram S. Maxim, dem Erfinder des ersten praktischen Maschinengewehrs) ließ sich 1910 einen der ersten brauchbaren Schalldämpfer patentieren. Schon bald wurden sie beim Scheibenschießen und bei Verbrechen eingesetzt.

Es gibt bei Schalldämpfern unterschiedliche Bauarten, doch allen gemeinsam ist das Ziel, die plötzliche Spitze des Hochdruckgases von 300 Atmosphären auf rund 4 Atmosphären herunterzudrücken. Bei einem gewöhnlichen Schuss sticht man quasi mit einer Nadel in einen Ballon und erzeugt dadurch einen lauten Knall, während bei einem Schalldämpfer die Luft langsam, wie durch den Hals des Ballons, entweicht. Ein typischer Schalldämpfer ähnelt einem verkleinerten Auspufftopf und hat ein Volumen, das ungefähr zwanzigmal so groß ist wie das Volumen des Laufs der Waffe. Expansionskammern im Schalldämpfer ermöglichen dem Gas, sich auszudehnen und zu verlangsamen, und ein Drahtgeflecht nimmt die Wärme auf und vermindert die Druckwellen. Und natürlich kann der Schalldämpfer den Knall umso wirksamer dämpfen, je größer er ist.

Nehmen wir an, der Schurke hat eine praktische kleine Waffe, geladen mit leiserer Unterschallmunition, und nehmen wir weiter an, der Schurke benutzt einen Schalldämpfer von realistischer Größe. Selbst bei dieser Kombination wird der Knall auf nur 50 dB herabgesetzt, was man in einer stillen Straße noch in 150 m Entfernung hören kann.

Der Knall klingt dann nicht wie ein »Plopp« oder ein »Fft«, sondern eher wie eine zuschlagende Autotür oder wie ein gedämpftes Krachen.

Das leise Ploppen der schallgedämpften Waffen in den Filmen stammt daher wohl eher aus demselben Schallarchiv, aus dem auch das Geräusch quietschender Reifen auf einer Teerstraße stammt, wenn die Verfolgungsjagd sich auf einer unbefestigten Straße abspielt.

Wer benutzt sie?

Waffenschalldämpfer werden in der Realität benutzt, um in Parks, auf Flugplätzen, in Schutzgebieten, bewirtschafteten Waldungen usw. den Tierbestand gering zu halten, hauptsächlich zum Zweck der Imagepflege, damit die Öffentlichkeit nicht merkt, was da passiert.

Auch Sondereinsatzkommandos, die gegen bewaffneten Widerstand in ein Gebäude eindringen müssen, werden in der Regel Schalldämpfer benutzen. Das Knallen von Feuerwaffen innerhalb von Gebäuden kann zu vorübergehender oder bleibender Taubheit führen. Ohrenschützer dämpfen zwar den Schall, verhindern aber leider auch, dass andere wichtige Geräusche ans Ohr der Gesetzeshüter dringen. Deshalb werden Polizisten in vielen Fällen lieber den Schalldämpfer benutzen. Auch hier spricht wieder die Imagepflege dafür.

Schließlich werden auch Scharfschützen der Polizei gelegentlich zum Schalldämpfer greifen. Bis zu einem gewissen Grad kann er helfen, den Standort des Scharfschützen vor der Zielperson zu verbergen.

Knöchelknacken und Arthritis

Ein verbreitetes Ammenmärchen ist, häufiges Fingerknöchelknacken verursache Arthritis. Da sich die Medizin vornehmlich mit potenziell tödlichen Krankheiten befasst, ist dieses relativ harmlose Thema kaum erforscht. Es hat jedoch alles in allem den Anschein, als bekäme man vom Knacken der Knöchel keine Arthritis.

Beim »Knacken« geht es übrigens darum, dass man plötzlich, und zwar ziemlich fest, am Ende des Fingers zieht. Wenn man es »richtig« macht, entsteht ein knackendes Geräusch. Was dabei wirklich passiert, haben Biomediziner mithilfe eines empfindlichen Mikrofons (zum Aufzeichnen und Analysieren des Geräusches) und eines Dehnungsmessstreifens (zum Erfassen der Stärke des Zugs am Finger) untersucht.

Die Forscher fanden heraus, dass beim Knackenlassen eines Knöchels zwei verschiedene Geräusche entstehen.

Der Knöchel ist das Gelenk, dank dessen man seinen Finger krümmen kann. Im Gelenkraum, in dem zwei Knochen aufeinanderstoßen, befindet sich eine Flüssigkeit, und beiderseits dieses Raumes halten Bänder die Knochen zusammen.

Zieht man, um das Gelenk »knacken« zu lassen, am Finger, wird der Gelenkraum größer, der Druck darin sinkt. Die Bänder werden für einen kurzen Moment einwärts gesogen. Durch den sinkenden Druck bildet sich innerhalb weniger Tausendstelsekunden eine Blase (hauptsächlich aus Kohlendioxid), wodurch ein knallendes Geräusch hervorgerufen wird.

Die Blase nimmt etwa 15 Prozent des nunmehr vergrößerten Gelenkraums ein. Durch das plötzliche Auftreten der Blase drückt die Flüssigkeit ebenso plötzlich auf die Bänder und lässt sie nach außen in ihre ursprüngliche Lage schnellen. Dieses »Zurückschnellen« erzeugt das zweite Geräusch.

Die innerhalb des Gelenks freigesetzte Energie ist ziemlich gering – etwa 7 Prozent dessen, was erforderlich wäre, um den Knorpel zu beschädigen. Was passiert, wenn man seine Knöchel wiederholt knacken lässt, steht auf einem anderen Blatt.

Eine Studie stammt von Dr. Daniel Unger, der 50 Jahre lang die Knöchel seiner linken Hand hatte knacken lassen. Er verglich dann beide Hände: Seine linke Hand war nicht arthritischer als die rechte. Ein Mensch ist allerdings eine recht kleine Stichprobe.

In einer anderen Studie wurden 300 Personen untersucht, die 35 Jahre lang ihre Knöchelgelenke hatten knacken lassen. Zusätzliche Fälle von Arthritis in den Händen wurden nicht gefunden. Ihre Gelenke waren ein wenig geschwollen (was kein Grund zur Aufregung ist). Aber – und das war die echte Überraschung – ihre Hände waren schwächer; sie besaßen nur ein Viertel der zu erwartenden Greifkraft.

Kurzfristig brauchen Sie sich also keine Gedanken zu machen, wenn Sie öfter Ihre Knöchel knacken lassen, aber Sie könnten in 35 Jahren nicht mehr in der Lage sein, ein Marmeladenglas zu öffnen.

Der Fluch des Königs Tut

Hollywood bringt in regelmäßigen Abständen Filme über den *Fluch der Pharaonen* oder über *Mumien* in die Kinos. Sie alle besitzen wegen des bekannten »Fluchs« von König Tutanchamun eine gewisse Glaubwürdigkeit. Bekanntlich berichteten Reporter, die 1922 bei der Öffnung des Grabes dabei waren, von einer Inschrift, die neben der Tür gefunden wurde und folgendermaßen lautete: »Mit raschen Schwingen soll der Tod denjenigen ereilen, der das Grab des Pharao antastet!« Es schien, als habe sich der Fluch erfüllt, als von allen Archäologen und Mitarbeitern, die an der Entweihung des Grabes von Tutanchamun beteiligt waren, berichtet wurde, sie seien eines frühen und schrecklichen Todes gestorben.

Die Herrschaft des tragischen Knabenkönigs Tutanchamun über Ägypten währte nur kurze Zeit, von 1361 – 1352 v. Chr., bis er mit nur 18 Jahren starb. Es gab in der 18. Dynastie vier »Amarna-Könige«, er war der dritte. Weil die Herrscher der 19. Dynastie jene der 18. nicht mochten, wurden die Amarna-Könige öffentlich von der Liste der Könige gestrichen. Denkmäler für König Tut wurden zerstört, und die Lage seines Grabes geriet in Vergessenheit.

Zur Zeit der 20. Dynastie hatte man gründlich vergessen, wo es sich befand. Als man begann, die Steine für das Grab von Ramses VI. zu behauen, wurde das Grab von Tutanchamun unwissentlich unter dem Schutt begraben.

Es geriet auch deshalb in Vergessenheit, weil er als Herrscher keinen großen Eindruck hinterlassen hatte. Das erwies sich 3300 Jahre später unerwartet als Vorteil: Grabräubern war sein Grab vollkommen entgangen, und niemand hatte die prächtigen Beigaben angetastet.

Im November 1922 hatte der Archäologe Howard Carter sieben Jahre einer frustrierenden Suche nach dem Grab von König Tut im Tal der Könige bei Luxor hinter sich. Schließlich stießen seine Grabungsgehilfen vier Meter unterhalb des Grabes von Ramses VI. im Fels auf den Eingang zu einer großen, drei Meter hohen und zwei Meter breiten Passage. Sie räumten den Schutt beiseite und fanden bei der zwölften Stufe ein versiegeltes Steinportal.

Carter benachrichtigte sogleich aufgeregt seinen Finanzier Lord Carnavon und lud ihn ein, zur Öffnung des Grabes an den Grabungsort zu kommen. Am Abend des 24. November waren Carter und Carnavon zugegen, als der restliche Schutt weggeräumt wurde und den steinernen Eingang freigab, der das Siegel von Tutanchamun trug. Nach der Öffnung dieser Tür waren noch einmal zwei Tage harter Arbeit erforderlich, um eine weitere abwärts führende Treppe freizulegen. Dann stießen sie auf eine zweite steinerne Tür, welche die Siegel der königlichen Nekropole und Tutanchamuns trug. Die Arbeiter schlugen eine Öffnung, und Carter spähte, unterstützt vom Licht einer Kerze, hinein. Lord Carnavon fragte: »Sehen Sie etwas?« Carter antwortete: »Wunderbare Dinge.«

Der Vorraum barg herrliche Schätze. Noch mehr Pracht enthielt der innere Raum, den sie nach weiteren drei Monaten betraten. Lord Carnavon persönlich öffnete diese innere Tür am 17. Februar 1923. Die mumifizierten Überreste von Tutanchamun waren von drei Särgen umgeben. Die beiden äußeren Särge waren aus getriebenem Gold auf hölzernen Gestellen, der innerste aus massivem Gold.

Lord Carnavon starb am 6. April 1923 an einer Lungenentzündung, einer Komplikation nach einem infektiösen Mückenstich. Damals erfanden die Zeitungen die Inschrift in der Nähe des Eingangs zum Grab, in der vom »Tod mit raschen Schwingen« die Rede war, und behaupteten, der »Fluch des Pharao« habe Lord Carnavon getötet. Doch an Tutanchamuns Grab gab es keinen Fluch. (An anderen Gräbern dagegen durchaus, so lautete ein typischer Fluch: »Wer mein Grab antastet, wird von einem Löwen, einem Krokodil und einem Nilpferd gefressen.«)

Die Schätze von König Tutanchamun wurden in Museen in aller Welt gezeigt. Als Arthur C. Mace vom New Yorker Museum of Art und Georges Bénédite vom Pariser Louvre nach einer Ausstellung der Grabschätze in ihren Museen starben, wurde das ebenfalls dem »Fluch« zugeschrieben. Anschließend wurde der Fluch der Pharaonen für den Tod von Menschen verantwortlich gemacht, die nur entfernt mit der Expedition zu tun hatten, wie beispielsweise der ehemalige Sekretär Carters, Robert Bethnell, und Bethnells Vater. Darüber, dass Bethnells Vater im reifen Alter von 78 Jahren starb, ging man hinweg.

Inzwischen ist der Fluch der Pharaonen wissenschaftlich untersucht worden.

James Randi, ein berühmter Skeptiker und Bühnenzauberer, nennt in seiner *Encyclopedia of Claims, Frauds, and Hoaxes of the Occult and Supernatural* die Namen aller Europäer, die bei der Öffnung des Grabes zugegen waren, und ihr Todesdatum. Sie haben vielleicht schon einmal von sogenannten Sterbetafeln gehört, besonderen statistischen Tabellen, aus denen Sie, wenn Sie angeben, wo Sie leben, ob Sie Raucher sind, wie lange Ihre Eltern und Großeltern gelebt haben und dergleichen, Ihre Lebenserwartung entnehmen können. Randi prüfte die entsprechenden Sterbetafeln für alle, die mit Tutanchamuns Grab zu tun hatten und später gestorben sind.

Die Leute, die bei der Öffnung des Grabes zugegen waren, haben sogar ein Jahr länger gelebt, als nach den Sterbetafeln zu erwarten gewesen wäre. Howard Carter ist im (seinerzeit) annehmbaren Alter von 66 Jahren gestorben. Dr. Douglas Derry, der sogar die Mumie seziert hat, ist mit über 80 gestorben. Und Alfred Lucas, der Chemiker, der Gewebe der Mumie analysierte, ist mit 79 verschieden.

Andere Untersuchungen zeigten bei den an dieser Grabung beteiligten Menschen keine erkennbaren Auswirkungen auf die Lebenserwartung.

Die Wissenschaft könnte daher endlich den Fluch des Pharaos begraben. Der Einzige, der eines unverhältnismäßig frühen Todes starb, war bedauerlicherweise der Knabenkönig Tutanchamun.

Ursprung des Fluches

Popularisiert wurde der Fluch von Hollywoodfilmen, doch seinen Ursprung scheint er in belletristischen Werken zu haben.

Eine Möglichkeit ist die 1860 von Louisa May Alcott veröffentlichte Kurzgeschichte *Lost in a Pyramid: The Mummy's Curse*. Sie schrieb außerdem den Roman *Little Women*.

Eine andere Möglichkeit ist eine Geschichte, die der amerikanische Maler Joseph Smith (1863–1950) verbreitet hat. Er sprach von einem Fluch, der auf Tutanchamuns Schwiegervater, König Echnaton, lastete. Der Thron ging von König Echnaton nach dessen Tod auf seine dritte Tochter über (die beiden älteren Töchter waren gestorben). Als Tutanchamun die dritte Tochter heiratete, fiel der Thron an ihn. König Echnaton hatte die Priester tief beleidigt, weil er sich in ihre religiösen Belange gemischt und die alten Gottheiten, von denen es Hunderte gab, zu einem einzigen Gott, Ra, der Sonnenscheibe, vereinigt hatte.

Nach Echnatons Tod (Tutanchamuns Thronbesteigung) rächten sich die Priester mit dem Verdammungsurteil, »sein Leib und seine Seele müssten getrennt durchs All wandern und würden bis in alle Ewigkeit nicht wieder vereint«. Dieser Fluch richtete sich jedoch gegen Echnaton, nicht gegen Tut. Nach Tuts Tod bemächtigte sich der Oberpriester Ay des Thrones; es wird spekuliert, dass er König Tut hat ermorden lassen.

Wie man einen Fluch misst

Dr. Mark Nelson vom Department für Epidemiologie und Präventivmedizin an der Monash-Universität hat unter dem Titel »The mummy's curse: historical cohort study« einen Artikel über den Fluch von Tutanchamun veröffentlicht. Er hat seinen Doktorgrad in klinischer Epidemiologie erworben und ist sehr an Archäologie und Ägyptologie interessiert.

Er befasste sich mit den 44 Europäern, die nach Angaben von Howard Carter zu den fraglichen Zeiten in Ägypten waren. Von ihnen kamen 25 als möglicherweise vom Fluch Betroffene infrage, weil sie bei vier bedeutsamen Ereignissen zugegen waren: »... dem Brechen der Siegel und der Öffnung der dritten Tür am 17. Februar 1923, der Öffnung des Sarkophags am 3. Februar 1926, der Öffnung der Särge am 10. Oktober 1926 und der Untersuchung der Mumie am 11. November 1926.« Wer bei diesen Ereignissen anwesend war, wurde als »dem Fluch ausgesetzt« betrachtet.

Er verglich sodann die Lebenszeit der ausgesetzten und nicht-ausgesetzten Europäer und fand keinen nennenswerten Unterschied.

Es mag ja einen Fluch der Pharaonen oder einen Fluch der Mumie geben, doch für König Tut hat er sich nicht gezeigt.

Zombies

Zombies tauchen regelmäßig im Fernsehen auf, wenn neue »Geschichten von den Untoten« auf uns losgelassen werden. Doch jetzt kommt die Überraschung: Es gibt tatsächlich echte Zombies.

Eigentlich stammen sie von der Karibikinsel Haiti. Es sind Menschen, die fast getötet und danach durch einen Voodoo-Priester von den Beinahe-Toten auferweckt wurden, um für den Rest ihres elenden Lebens als Sklavenarbeiter zu dienen. Zombies können sich bewegen, essen, hören und sprechen, aber sie haben kein Gedächtnis und keine Einsicht in ihre Lage. Legenden über Zombies gibt es seit Jahrhunderten, doch erst 1980 wurde ein echter Fall dokumentiert.

Die Geschichte beginnt 1962 in Haiti. Ein Mann namens Clairvius Narcisse wurde von seinen Brüdern an einen Zombiemeister verkauft, weil er sich weigerte, seinen Anteil am Landbesitz der Familie zu veräußern. Bald darauf starb Clairvius »offiziell« und wurde begraben. Doch nachdem man ihn ausgegraben hatte, arbeitete er zusammen mit vielen anderen als Zombie auf einer Zuckerplantage. Nachdem sein Zombiemeister 1964 gestorben war, irrte er 16 Jahre lang in einem Zustand psychotischer Benommenheit auf der Insel umher. Die Wirkung der Drogen, die diesen Zustand hervorgerufen hatten, ließ allmählich nach. 1980 lief er auf einem Marktplatz zufällig seiner lange verschollen geglaubten Schwester über den Weg, und er erkannte sie. Sie erkannte ihn hingegen nicht, doch er gab sich ihr dadurch zu erkennen, dass er ihr von Erlebnissen aus der frühen Kindheit erzählte, von denen nur er wissen konnte.

Dr. Wade Davis, ein Ethnobiologe von der Harvard-Universität, reiste zur Untersuchung des Falles nach Haiti und entdeckte, wie Menschen zu Zombies gemacht werden. Erst »tötet« man sie, dann macht man sie »verrückt«, damit sie gefügig sind. Oft werden ihnen von einem örtlichen »Medizinmann« heimlich die entsprechenden Drogen verabreicht.

Er »tötet« die Opfer mit einer Mischung aus Krötenhaut und Kugelfisch, die ins Essen gemengt oder auf die Haut gerieben werden kann, besonders auf die weiche, unbeschädigte Stelle an der Innenseite des Arms in der Nähe des Ellbogens. Die Opfer wirken bald wie tot, mit radikal verlangsamtem Atem und einem unglaublich langsamen und schwachen Herzschlag. In Haiti begräbt man die Menschen sehr kurz nach ihrem Tod, weil Leichen infolge der Hitze und mangels Kühlmöglichkeit sehr schnell in Verwesung übergehen. Das kommt der Zombieschaffung entgegen. Die »Leichen« müssen innerhalb von acht Stunden nach der Beerdigung ausgegraben werden, weil sie sonst ersticken.

Die Opfer werden verrückt gemacht, indem man ihnen zwangsweise eine Stechapfelpaste einflößt. Dadurch werden alle Bezüge zur Realität gekappt, alle frischen Erinnerungen zerstört, man weiß nicht mehr, welcher Tag gerade ist, wo man ist und, vor allem, wer man ist. In den Zustand eines künstlich herbeigeführten psychotischen Dauerwahns versetzt, werden die Zombies als Sklavenarbeiter an Zuckerplantagen verkauft. Wenn es den Anschein hat, als kämen sie wieder zu Verstand, wird ihnen erneut Stechapfel verabreicht.

Das Ganze erinnert ein wenig an die Droge Soma, die den Leuten in Aldous Huxleys Roman *Schöne neue Welt* gegeben wird, nur ohne die Glücksgefühle.

Die Chemie der Zombifizierung

Die Haut der gemeinen Kröte *Bufo bufo* kann tödlich sein, besonders wenn die Kröte bedroht wurde. Drei besonders unangenehme Bestandteile des Krötengifts sind biogene Amine, Bufogenine und Bufotoxine. Sie wirken unter anderem schmerzstillend, weit stärker als Kokain. In Boccaccios *Dekameron* sterben zwei Liebende, nachdem sie Salbei gegessen haben, der ihnen von einer Kröte zugeblasen wurde.

Der Kugelfisch, der in Japan unter dem Namen Fugo bekannt ist, enthält das Gift Tetrodotoxin, ein tödliches Neurotoxin, dessen schmerzstillende Wirkung 160 000 Mal stärker ist als die von Kokain. Der Verzehr des Fisches kann durch das Tetrodotoxin ein leichtes »Brennen« hervorrufen, und Köche, die Fugo zubereiten, bedürfen in Japan einer staatlichen Genehmigung. Dennoch kommt es, wenn auch selten, zu Beinahe- oder zu richtigen Todesfällen durch den Verzehr des Fisches. Das Gift senkt die Temperatur des Körpers und des Blutes und versetzt einen in ein tiefes Koma. In Japan sind einige der Opfer wenige Tage, nachdem sie für tot erklärt wurden, wieder genesen.

Stechapfel (Weiße Engelstrompete, *Brugmansia candida*) enthält die chemischen Substanzen Atropin, Hyoscyamin und Sopolamin, die bei entsprechender Dosierung starke Halluzinationen hervorrufen können. Sie können außerdem Gedächtnisverlust, Lähmung und Tod verursachen.

Wer sie verabreicht, muss sehr bewandert sein, um das Opfer nicht unabsichtlich zu töten. Die Kluft zwischen Scheintod und Tod ist sehr schmal.

Geschirrspüler schlechtgemacht

Wasser ist unentbehrlich – ohne es können wir nicht leben. Bei einer Dürreperiode, wenn die Liefermenge beschränkt wird, entschließen sich viele Menschen zum Wassersparen, indem sie ihren Geschirrspüler nicht benutzen. In Wirklichkeit würden sie jedoch mit einem modernen Gerät tatsächlich Wasser sparen.

Die Geschirrspülmaschine wurde von der cleveren Josephine Garis Cochrane erfunden, die, aus den besseren Kreisen Chicagos stammend, mit einem unbedeutenden Politiker in dem Präriestädtchen Shelbyville in Illinois verheiratet war. Sie ärgerte sich darüber, dass ihre Hausgehilfinnen immer wieder ihr kostbares Familiengeschirr zerschlugen.

Dagegen konnte sie etwas tun, denn technische Findigkeit lag ihr im Blut. Ihr Großvater John Fitch gehörte zu den ersten Erfindern des Dampfboots, und ihr Vater John Garis war als Bauingenieur am Aufbau Chicagos beteiligt. Sie konstruierte eine Maschine, die Strahlen heißen Seifenwassers auf das in einem Drahtgestell stehende Geschirr spritzte. Ihre Geschirrspülmaschine funktionierte gut und erhielt auf der Weltausstellung von 1893 die höchste Auszeichnung für »die beste mechanische Konstruktion, Haltbarkeit und Anpassung an die gestellte Aufgabe«.

Anfangs benutzten nur große Hotels und Restaurants ihre Maschinen von der Garis-Cochrane Dish-Washing

Machine Company. (Die Firma änderte später ihren Namen in Kitchen Aid und wurde schließlich von Whirlpool übernommen.)

Der wirklich große Absatzmarkt, die Privathaushalte, wollte zunächst nichts vom Geschirrspüler wissen, aus technischen und sozialen Gründen. Erstens hatten die meisten Häuser in den Anfängen des 20. Jahrhunderts nicht genügend heißes Wasser zur Verfügung, um einen Geschirrspüler zu betreiben. Zweitens war das Wasser in vielen Gegenden der Vereinigten Staaten »hart« und eignete sich nicht gut für Seifenlaugen. Doch das wichtigste war drittens, dass das gemeinsame Geschirrspülen nach einer Mahlzeit für die Frauen des frühen 20. Jahrhunderts ein kleines festliches Ereignis war.

Erst in den 1950er-Jahren kamen Geschirrspülmaschinen auf den Haushaltsgerätemarkt. In der Werbung wurde nun betont, dass die Maschine Keime töten konnte, weil das Spülwasser heißer war, als man es beim Spülen von Hand ertragen konnte. Außerdem ließ der Wohlstand, der nach dem Zweiten Weltkrieg in den Vereinigten Staaten einkehrte, der amerikanischen Hausfrau Freizeit und Unabhängigkeit wichtiger erscheinen. Im Jahr 1969 (dem Jahr der Boeing 747, der Mondlandung und der Concorde) gehörte es schon zur Normalität, in neuen Wohnungen Geschirrspüler einzubauen.

Die ersten Geschirrspülmaschinen verbrauchten tatsächlich viel Wasser: 70 Liter oder mehr. Demgegenüber verbrauchen moderne Geräte nach jüngsten Testberichten der Zeitschrift *Choice* im Normalbetrieb 16 bis 24 Liter – und mit der Spartaste noch weniger. Wenn man das Geschirr von mehreren Mahlzeiten hineinstellt, bis die Maschine voll ist, braucht Ihre Spülmaschine weniger Wasser, als wenn Sie nach jeder Mahlzeit von Hand abwaschen würden – und für rund 20 US-Cents pro Tag. Dabei sollten Sie die Teller natürlich nicht vorher mit Wasser abspülen, sondern lediglich trocken abwischen, bevor Sie sie in den Geschirrspüler stellen.

Das Trocknen des Geschirrs nach dem Waschgang verbraucht eine Menge Energie. Die können Sie sparen, wenn Sie im Bedienungsfeld die Option »lufttrocknen« wählen – Sie können aber auch einfach die Tür nach dem Spülen öffnen, dann trocknen die Teller langsam an der Luft. Noch mehr Energie sparen Sie, wenn Sie die geringstmögliche Temperatur wählen – dann müssen Sie aber einen Klarspüler benutzen, der verhindert, dass sich Flecken oder ein Film auf den Tellern bilden. Und natürlich machen Sie den Geschirrspüler am besten spät in der Nacht an, weil dann die Belastung des Stromnetzes am geringsten ist.

Mir fehlt aber trotzdem die gemütliche, entspannende Atmosphäre, wenn zwei gemeinsam das Geschirr spülen und abtrocknen.

Mensch gegen Maschine

Rainer Stamminger, Professor für Haushaltstechnik an der Universität Bonn, führte kürzlich den definitiven Test durch, der die Überlegenheit des mechanischen gegenüber dem menschlichen Geschirrspüler bewies. Er stellte das durchschnittliche tägliche Spülgut einer Vierpersonenfamilie zusammen: rund 140 Gegenstände, darunter Töpfe, Pfannen, Teller, Gläser und Besteck, liebevoll verunreinigt mit angetrockneten Resten von Eiern, Spinat, Haferflocken usw. Das wurde dann von 75 Versuchspersonen aus neun Ländern von Hand gespült, mit überraschenden Ergebnissen.

Erstens schwankte der Wasserverbrauch zwischen 15 und 345 Litern, weit mehr als der moderne europäische Geschirrspüler im Spargang (12 – 20 Liter) benötigt.

Zweitens verbrauchten die Maschinen nicht einmal halb so viel Strom (rund 1 kWh) wie die Handspüler (rund 2,4 kWh).

Schließlich konnten nur 15 Prozent der Handspüler die Sauberkeit des maschinellen Geschirrspülers erreichen.

Es gab nationale Unterschiede. Am schnellsten waren die Briten, am langsamsten (mit 108 Minuten) die Türken. Am saubersten waren, dicht gefolgt von den Türken, die Spanier. Überraschend erreichten die Deutschen, denen ein Sauberkeitsfimmel nachgesagt wird, nur durchschnittliche Werte.

Effizienz gegen Ineffizienz

Die neueren, effizienteren Geschirrspüler haben allerdings ein Problem. Die Sprüharme verstopfen.

Die älteren, weniger effizienten Exemplare ließen das benutzte Wasser einfach abfließen. Die neueren Maschinen verbrauchen weniger Wasser, weil sie das Wasser filtern und dann wiederverwenden. Allerdings verstopfen deswegen die Düsen in den Sprüharmen, die das Wasser verteilen, manchmal, entweder, weil kleinere Nahrungspartikel zu größeren verklumpen, oder weil größere Teilchen durch den Filter geschlüpft sind.

Wenn also die Tassen und Teller wieder schmutzig herauskommen, sollten Sie in der Bedienungsanleitung nachsehen, wie man die Düsen in den Sprüharmen reinigt.

Aluminium und Alzheimer

Aluminium und Alzheimer beginnen beide mit »Al« – und das ist so ungefähr das einzig Verbindende zwischen ihnen. Manche behaupten jedoch, der Zusammenhang sei viel stärker und Aluminium verursache Alzheimer.

Aluminium ist nach Sauerstoff und Silizium mit 8 Prozent das dritthäufigste Element in der Erdkruste. Man begegnet ihm also unvermeidlich. Aluminium kommt vor in Trinkwasser, Nahrungsmitteln, Arzneimitteln, Antitranspiranten und Druckfarben. Es wird benutzt, um Fasern zu färben, Holz zu konservieren, Mineralöl zu destillieren und um Gummi, Farbe, Sprengstoffe und Glas herzustellen.

Aluminium hatte lange einen schlechten Ruf, besonders seit den Zwanzigerjahren des vorigen Jahrhunderts. Der Tod des Schauspielers Rudolph Valentino, der 1926 im zarten Alter von 31 Jahren starb, wurde einer Aluminiumvergiftung durch Aluminiumgeschirr zugeschrieben; tatsächlich starb er an einer Magenperforation. Howard J. Force, selbst ernannter »Chemiker«, stachelte die Anti-Aluminium-Bewegung mit Pamphleten über die »Bildung von Giften durch die Benutzung von Aluminiumkochgeschirr« an. Wohl nicht zufällig handelte er mit Kochgeschirr aus rostfreiem Stahl.

Der erste wissenschaftliche »Beweis« für die Giftigkeit von Aluminium tauchte Mitte der Siebzigerjahre des vorigen Jahrhunderts auf. Bei der Autopsie von Patienten, die an Alzheimer gelitten hatten, wies das Gehirn eine hohe Konzentration von Aluminium auf, und fast immer in bestimmten neurofibrillären Geflechten der Nerven. Hatte das Aluminium die Alzheimer-Krankheit verursacht? Nein. Man kam schließlich darauf, dass die neurofibrillären Geflechte sehr »klebrig« waren und das Aluminium aus dem Wasser aufgenommen hatten, mit dem sie während der Obduktion gewaschen wurden.

In derselben Zeit trat eine ganz neue aluminiumbedingte Krankheit auf, die Dialyse-Enzephalopathie. Patienten mit chronischem Nierenversagen wurden jetzt routinemäßig mit einem neuen Verfahren behandelt, der Dialyse. Es verbrauchte für die Blutreinigung täglich Hunderte Liter Wasser. Leider gelangte das natürlich im Wasser vorkommende Aluminium ins Blut und konnte nicht beseitigt werden, weil die Nieren nicht funktionierten. Als der Aluminiumspiegel des Blutes das Tausendfache des normalen Werts erreichte, wurden die Patienten verwirrt und dement. Als man das Problem erkannt hatte, beugte man der Dialyse-Enzephalopathie dadurch vor, dass man das Aluminium aus dem Wasser entfernte.

Die hohen Gaben von Aluminium direkt ins Blut der Kranken, die an Nierenversagen litten, riefen zwar tatsächlich Demenz hervor. Doch für diese Krankheit gibt es verschiedene Ursachen und verschiedene Ausprägungen, darunter die Alzheimer-Krankheit. Das Gehirn von Alzheimer-Kranken weist bestimmte, nur unter dem Mikroskop erkennbare Veränderungen auf, eben die neurofibrillären Geflechte. Diese entwickelten sich bei Dialyse-Patienten nicht, trotz ihrer Demenz und der sehr hohen Aluminiumkonzentrationen.

Der Mensch nimmt im Durchschnitt 10–50 mg Aluminium pro Tag auf. Aber selbst bei denen, die Säureblocker und gepuffertes Aspirin zu sich nehmen und auf eine tägliche Aluminium-Aufnahme von 1000 mg kommen, gibt es kein erhöhtes Vorkommen von Alzheimer.

Dr. Charles DeCarli, Direktor des Alzheimer's Disease Center an der Universität von Kansas, sagt: »Der angebliche Zusammenhang zwischen Aluminium und Alzheimer ist meiner Meinung nach ein schlichter Fall von Neuromythologie.«

Geronnener Strom

Heute ist Aluminium sehr billig, aber einst war es sehr kostbar.

Hans Christian Orsted war der Erste, der im Jahr 1825 Aluminium isolierte. Auf der Pariser Weltausstellung 1855 wurde es der Öffentlichkeit präsentiert. Das Aluminium wurde mit Chemie und riesigen Mengen Strom aus seinem Erz gelöst. Als der Strom billiger wurde, wurde auch das Aluminium billiger. In den Sechzigerjahren des vorigen Jahrhunderts nahm Aluminium in der weltweiten Metallerzeugung hinter Eisen den zweiten Platz ein. Man verlieh ihm den Spitznamen »geronnener Strom«, weil riesige Mengen davon zu seiner Herstellung erforderlich sind.

In der Mitte des 19. Jahrhunderts benutzte man Aluminium, weil es Seltenheitswert hatte und korrosionsfest war. Am 4. Juli 1848 wurde in Washington, D.C., der Grundstein für das Washington-Denkmal gelegt. Dieser 169 Meter hoch aufragende Obelisk ist das höchste frei stehende Steinbauwerk der Welt. Als das Denkmal (nach finanziellen Rückschlägen und dem amerikanischen Bürgerkrieg) endlich am 21. Februar 1885 eingeweiht wurde, wurde es von einer winzigen, 23 Zentimeter hohen Aluminiumpyramide gekrönt – weil Aluminium so kostbar war.

Das Bermudadreieck

Im Vergleich zum Rest der Welt ist das Bermudadreieck ziemlich groß, doch sein Ruf ist weit größer, als seine Ausdehnung vermuten lässt. Geografisch ist das Dreieck eine Fläche im Atlantik, die durch Bermuda, Puerto Rico und Miami in Florida begrenzt ist. Doch der Mythos von Fällen rätselhaften Verschwindens, die mit dem Bermudadreieck in Verbindung gebracht werden, ist so mächtig, dass es nicht nur Bücher und Fernsehdokumentationen, sondern sogar Filme darüber gibt.

Der Mythos hat seinen Ursprung am 5. Dezember 1945 um 14.10 Uhr, als ein Schwarm von fünf Torpedoflugzeugen des Typs Avenger zu einem routinemäßigen Übungsflug von der Rollbahn des Marinestützpunkts Fort Lauderdale in Florida abhebt. Es heißt, diese erfahrenen Flieger hätten bei vollkommen klarem Wetter auf rätselhafte Weise die Orientierung verloren und in zunehmend panischen Funksprüchen um Hilfe gebeten. Der letzte Funkspruch von Schwarm 19 kam um 19.04 Uhr. Um 19.20 Uhr wurde ein Rettungsflugzeug vom Typ Martin Mariner entsandt, das aber ebenfalls spurlos verschwand. (Die verschollenen Piloten und ihre Flugzeuge tauchten übrigens kurz in dem Film *Unheimliche Begegnung der dritten Art* auf, in dem angedeutet wurde, sie seien von Außerirdischen entführt worden.)

Doch nicht nur Flugzeuge sollen in dem Gebiet verschwinden. Auch viele Schiffe haben angeblich im Bermudadreieck ein schreckliches Ende genommen, darunter ein Segelschiff des 19. Jahrhunderts, die *Marie Celeste*, die den Erzählungen nach in makellosem Zustand und menschenleer auf dem Meer treibend gefunden wurde. Das Bermudadreieck hat sich im Laufe der Zeit verschoben, und seither sind dort viele weitere Schiffe, darunter das amerikanische Atom-U-Boot USS *Scorpion*, spurlos verschwunden.

Die Realität ist prosaischer.

Erstens ist das Bermudadreieck riesig – über eine Million Quadratkilometer, was einem Fünftel der Fläche Australiens (oder der angrenzenden Vereinigten Staaten) entspricht.

Zweitens liegt das Dreieck direkt nördlich des Gebiets, in dem die meisten der atlantischen Orkane entstehen, die die Ostküste der Vereinigten Staaten heimsuchen. Der Golfstrom fließt rasch und turbulent durch das Bermudadreieck und setzt dort gewaltige Energiemengen frei. Viele wilde Stürme können dort plötzlich ausbrechen und sich ebenso unvermittelt legen.

Drittens ist die Unterseelandschaft dort ungeheuer vielfältig, reicht sie doch vom seichten Kontinentalsockel bis in die tiefsten Tiefen des Atlantischen Ozeans (9144 Meter). Es wäre deshalb sehr schwer, einige Wracks zu finden.

Viertens ist das Bermudadreieck eine der verkehrsreichsten Routen für Vergnügungsschiffe. Es ist daher mit vielen Schiffsunglücken zu rechnen.

Fünftens geht aus einer Übersicht des Versicherers Lloyds of London hervor, dass im Bermudadreieck prozentual nicht mehr Schiffe verloren gehen als an anderen Orten der Welt.

Schaut man sich die einzelnen Geschichten genauer an, verliert der Mythos noch mehr von seiner Rätselhaftigkeit.

Die *Marie Celeste* fand man verlassen am anderen Ende

des Atlantiks, zwischen Portugal und den Azoren. Entgegen der Legende waren ihre Segel in sehr schlechtem Zustand, und sie hatte starke Schlagseite – alles andere als ein nahezu makelloser Zustand. Die USS *Scorpion* wurde versunken in der Nähe der Azoren entdeckt, weit vom Bermudadreieck entfernt.

Entscheidend ist die Geschichte des Schwarms 19 am 5. Dezember 1945.

Die Marineflieger waren unerfahren. Sie waren alle noch in der Grundausbildung, ausgenommen der Kommandeur, Lt. Charles Taylor. Er hatte Berichten zufolge einen Kater und vergeblich versucht, einen anderen aufzutreiben, der an seiner Stelle diesen Flug befehligte. Das Wetter war nicht klar: Ein plötzlicher Sturm türmte 15 Meter hohe Wellen auf. Die Avenger-Torpedoflugzeuge hatten sich schlicht verirrt, der Treibstoff war ihnen ausgegangen, und nach Eintritt der Dunkelheit waren sie in der aufgepeitschten See versunken. Einer der Kollegen von Kommandeur Taylor schrieb: »... nicht umsonst nannte man diese Flugzeuge ›Eisenvögel‹. Sie wogen leer über sechs Tonnen. Wenn sie auf See runtergegangen sind, versanken sie ziemlich schnell.«

Das Martin-Mariner-Rettungsflugzeug, das nach den Avengers suchen sollte, ist nicht spurlos verschwunden. Diese Rettungsflugzeuge waren praktisch fliegende Treibstofftanks, weil sie 24 Stunden am Stück in der Luft bleiben mussten. Vor diesem Unfall wurde ihnen nachgesagt, dass Treibstoffdämpfe in die Kabine entwichen. Die Besatzung der SS *Gaines Mill* hat folglich auch beobachtet, dass die Mariner etwa 23 Sekunden nach dem Start in einer Explosion auseinanderbrach, und sie sah Trümmer in der stürmischen See treiben. Nach der Explosion dieses Mariner-Flugzeugs erhielten sämtliche Martin Mariners der Marine Startverbot.

Der Mythos von den übelwollenden übernatürlichen

Kräften, die im Bermudadreieck hausen, nahm seinen Anfang im Februar 1964, als in der Zeitschrift *Argosy: Magazine of Masterpiece Fiction* die recht frei erfundene Erzählung »The Spreading Mystery of the Bermuda Triangle« von Vincent H. Gaddis erschien. Richtigen Auftrieb bekam der Mythos jedoch durch den 1974 erschienenen Bestseller *The Bermuda Triangle* von Charles Berlitz, eine noch phantasievollere Darstellung.

Für diese Unglücke wurden auch exotisch klingende Erklärungen angeführt, darunter Kraftfelder von Atlantis, feindselige Außerirdische, die sich unter dem Wasser verbergen, mächtige Strudel von anderen Dimensionen und böse Menschen, die Anti-Gravitationsmaschinen benutzen.

Richtig ist zumindest, dass die Geschichten weit interessanter sind als die reale Erklärung, aber das ist auch schon das einzig Wahre an ihnen.

Brennendes Eis

Das Bermudadreieck lässt keine Schiffe sinken. Unter dem Meeresboden lauert in diesem Gebiet jedoch etwas ganz Merkwürdiges: brennendes Eis.

Es handelt sich um Methanhydrat, ein einzelnes Methanmolekül, das in einem Käfig aus sechs Wassermolekülen gefangen ist. Methan hat die chemische Formel CH_4 – ein Kohlenstoffatom, umgeben von vier Wasserstoffatomen –, während Wasser das bekannte H_2O ist. Befinden sich Methan und Wasser am selben Ort, bildet sich, wenn der Druck entsprechend hoch und die Temperatur entsprechend niedrig sind, Methanhydrat. Bringt man einen Brocken Methanhydrat an die Oberfläche, schmilzt das eisförmige Wasser und gibt das Methan frei, das ganz schön brennt. In gewissem Sinne gleichen diese Methanhydrate kleinen Vampiren: Bringt man sie ans Licht, zerfallen sie.

Erst in den späten Sechzigerjahren des vorigen Jahrhunderts entdeckten russische Wissenschaftler im gefrorenen sibirischen Permafrost natürlich vorkommende Hydrate. In den Siebzigerjahren wurden Methanhydrate auf dem Boden des Schwarzen Meeres entdeckt. Seeleute haben seit Langem davon berichtet, dass das spontan vom Meeresboden emporsteigende Methan an der Meeresoberfläche von Blitzen entzündet wurde. Seither hat man Methanhydrat an vielen, vielen Stellen unter dem Meeresboden entdeckt, auch im berüchtigten Bermudadreieck.

Methanhydrate sind mittlerweile das größte ungenutzte Reservoir fossiler Brennstoffe, das uns auf der Erde geblieben ist.

Beten macht gesund

Viele Menschen glauben, das Beten zu einem höheren Wesen mache einen gesund. Dieser Glaube hat eine lange Vorgeschichte. In der Bibel heißt es in Genesis 20:17: »Und Abraham betete zu Gott; und Gott heilte Abimelech und sein Weib und seine Mägde, sodass sie gebaren.« Doch wie viel Vertrauen dürfen wir in diesen Glauben setzen?

Der Wissenschaftler Francis Galton veröffentlichte 1872 einen Artikel über »Statistische Untersuchungen zur Wirksamkeit des Gebets«. Gebete, fand er, seien weder von Vorteil noch von Nachteil. Inzwischen haben Mediziner übereinstimmend herausgefunden, dass Beten hilft. William S. Harris und seine Kollegen am Mid America Heart Institute des St. Luke's Hospital in Kansas City behaupteten in den *Archives of Internal Medicine*, beweisen zu können, dass Beten sich auf den Zustand von Patienten, die in die Station für Koronarerkrankungen aufgenommen wurden, positiv ausgewirkt habe.

Doch schon ein flüchtiger Blick in ihren Artikel zeigt, dass sie wissenschaftlich nicht einwandfrei argumentieren.

Erstens wird behauptet, die Patienten seien »zufällig« der Gruppe der Betenden bzw. der Nichtbetenden zugeteilt worden. Das stimmt nicht. Die Zuteilung erfolgte je nachdem, ob die letzte Ziffer der Nummer des Krankenblattes gerade oder ungerade war. Gerade und ungerade Zahlen sind nicht zufällig.

Zweitens hat man nicht festgestellt, was die Vorbeter der Gruppe eigentlich beteten. Daran knüpfen sich zwei Schwierigkeiten. Zum einen würde man bei einer Arzneimittelprüfung nicht ein Kilo Medikamente an das Krankenhaus liefern und es dann dem Personal überlassen, ob die richtige Arznei in der richtigen Dosierung und zur rechten Zeit an die richtigen Patienten kommt. Zum anderen sollten die Vorbeter für die Patienten unter Nennung ihres Vornamens beten, also für Fred, Linda usw. In einer Gruppe von 1000 Leuten gibt es viele mit einem gemeinsamen Vornamen. Wie wurden die Gebete an den richtigen Fred, die richtige Linda adressiert?

Drittens wird in der Studie behauptet, die Patienten hätten zuvor im Großen und Ganzen an denselben Krankheiten gelitten. Das stimmt nicht. Diejenigen, für die gebetet wurde, waren nicht schwer krank. Der Gesundheitszustand derer, für die nicht gebetet wurde, war sehr viel schlechter. Herzanfälle, instabile Angina, Lungenödeme, Hypertension, Herzstillstand, Diabetes, chronisches Nierenversagen und dergleichen waren in dieser Gruppe sehr viel häufiger. Dazu kommt es, wenn keine zufallsbedingte Auswahl getroffen wird.

Viertens waren unter den Patienten, für die gebetet wurde, einige mit einem sehr langen Krankenhausaufenthalt (bis zu 161 Tagen). Ihr Zustand verbesserte sich auf die Schnelle. Um zu besseren Ergebnissen zu kommen, ließ man diese Patienten bei der Untersuchung unberücksichtigt!

Schließlich besserte sich der Zustand einiger Teilnehmer an der Gebetsgruppe, bevor die Vorbeter Gelegenheit hatten, für sie zu beten! Entweder wirkte das Gebet also schon, bevor es gesprochen wurde, oder an der Studie stimmte etwas nicht.

Über das Beten gibt es unterschiedliche Meinungen. Der Zyniker Ambrose Bierce gab beispielsweise in *Des Teufels*

Wörterbuch die folgende Definition: »Beten? Verlangen, dass die Gesetze des Universums zugunsten eines einzelnen Bittstellers aufgehoben werden, der selbst bekennt, unwürdig zu sein.«

Vielleicht wird eine Studie eines Tages zeigen, dass Beten tatsächlich heilende Kraft hat. Bisher konnte dies nicht nachgewiesen werden. Aber das wäre etwas, wofür man beten kann.

Rezept: Beten

Immer wieder hat es in verschiedenen Teilen der Welt eine enge Beziehung zwischen Medizin und Religion gegeben, während man sie zu anderen Zeiten und an anderen Orten auseinandergehalten hat. In den Vereinigten Staaten glauben 95 Prozent der Bevölkerung an Gott, und 80 Prozent beten regelmäßig und glauben, dass Gott sein Werk durch die Ärzte verrichtet. Einer Umfrage zufolge glaubten 790 von 1000 erwachsenen Amerikanern, dass Glaube dazu beitragen kann, von einer Krankheit zu genesen.

Dass zwischen dem Grad der Religiosität und dem Grad der Gesundheit ein Zusammenhang besteht, ist durchaus möglich. Untersuchungen haben gezeigt, dass bestimmte Gruppen der Gesellschaft (z. B. Älteste der Mormonen, römisch-katholische Geistliche und Trappistenmönche) gesünder sind und länger leben. Das ist allerdings leicht erklärbar, denn beim Eintritt in diese Gruppen muss man versprechen, ihre Verhaltensregeln zu befolgen. Die meisten dieser Regeln (wie etwa das Meiden von Tabak und Alkohol und gelegentlich auch von Fleisch) gehen mit einer Senkung von Gesundheitsrisiken einher.

Viele Untersuchungen zeigen, dass man nach einer Krebserkrankung schneller gesund wird, wenn man Yoga macht oder eine optimistische Einstellung hat. Religion kann vielen Menschen diese optimistische Haltung vermitteln – sie kann sich also nur günstig auswirken.

Für die Anfänge des 21. Jahrhunderts gilt jedoch, dass die Zusammenhänge zwischen Gesundheit, Religion und Spiritualität unklar und schwach sind.

Mikrowellen kochen von innen heraus

Mikrowellen sind sehr seltsam. Sie erhitzen das Essen, sind aber selbst nicht heiß! Es ist etwa eine Million Jahre her, dass der Mensch begonnen hat, sein Essen mit Feuer zu erwärmen, und seither haben wir eine Reihe von Variationen entwickelt, zum Beispiel Backen, Kochen, Dämpfen, Pochieren, Rösten, Grillen und Braten. Neue Arten der Essenszubereitung schien es nicht zu geben, bis wir vor rund fünfzig Jahren begonnen haben, Mikrowellen zu nutzen. Selbst heute verstehen die meisten noch immer nicht, was Mikrowellen sind – vielleicht, weil es ein »neues« Verfahren ist. Egal, woran es liegt: Die meisten glauben fälschlich, dass Mikrowellen von innen heraus kochen.

Der erste richtige »Einsatz« von Mikrowellen erfolgte in britischen Radareinheiten während des Zweiten Weltkriegs. Das Radar verschaffte den britischen Streitkräften den gewaltigen Vorteil, dass sie bei Nacht oder durch dichte Wolken hindurch »sehen« konnten, wenn feindliche Flugzeuge im Anflug waren.

Die militärische Nutzung von Radar begann 1940, als Sir John Randall und Dr. H. A. Boot das Magnetron erfanden, ein Gerät zur Erzeugung von Mikrowellen. In eine Radareinheit eingebaut, sendete das Magnetron in gleichmäßigen Abständen kurze Impulse aus. Anschließend lauschte ein anderer Teil der Radareinheit auf ein Echo, das nur eintraf, wenn der ausgesendete Radarstrahl zufällig auf ein

Ziel traf. Ein Teil der Energie des Strahls wurde vom Ziel zur Radareinheit zurückgeworfen. Musste diese lange auf ein Echo warten, waren die anfliegenden Flugzeuge weit weg; kam das Echo mit geringer Verzögerung, waren sie sehr nah.

Während des Zweiten Weltkriegs bemühte sich die britische Regierung um die Unterstützung der amerikanischen Regierung bei der Entwicklung des Radars. Die amerikanische Raytheon Corporation wurde herangezogen. Dr. Percy L. Spencer, Ingenieur bei Raytheon, baute die Radareinheiten um und ersann ein Verfahren, um die wöchentliche Erzeugung von 17 Einheiten auf 13 000 zu steigern.

Die Idee, mit Mikrowellen Essen zu kochen, kam um das Jahr 1946 eher nebenbei auf. Dr. Spencer testete gerade ein Magnetron und brauchte eine Pause. Zum Glück hatte er ein Stück Schokolade in der Tasche. Was ihn jedoch nicht ganz so froh stimmte: Die Schokolade war geschmolzen und hatte ihm die Hose ruiniert. Warum war das passiert? Es war schließlich kein heißer Tag.

Er war ein Ingenieur, der einerseits Appetit hatte und andererseits eine gehörige Portion Neugier besaß. Er nahm eine Tüte Maiskörner und beschoss sie mit Mikrowellen aus seinem Magnetron. Binnen Kurzem war der ganze Fußboden des Labors mit köstlichem Popcorn übersät. Dann versuchte er, rohe Eier in der Schale zu kochen, doch der Druck in den Eiern stieg so rasch, dass sie platzten. Die Mikrowellen konnten also Essen kochen, wenn auch mit unterschiedlichem Erfolg.

Raytheon griff seine Ideen auf und entwickelte einen für den Handel bestimmten Mikrowellenherd, den Radar Range. Er war riesig – so groß wie ein Kühlschrank, bei einem Gewicht von 300 kg –, aber der Garraum war sehr klein, etwa so groß wie bei einem modernen Mikrowellenherd. Die Verkaufszahlen blieben vorhersehbar bescheiden.

Wie bringen nun die Mikrowellen das Essen zum Kochen?

Die Ingenieure von Raytheon stellten rasch fest, dass Mikrowellen Glas, Papier, Teig, Fette und die meisten Arten von Geschirr direkt durchdringen. Gleichzeitig nimmt Wasser Mikrowellen sehr gut auf. Sie bringen die Wassermoleküle richtig zum »Zittern«. Die Moleküle des Wassers schwingen rund 2,45 Milliarden Mal pro Sekunde und reiben sich aneinander, und diese Reibung erzeugt die Wärme fürs Kochen. Geht die Kochwirkung der Mikrowellen von außen nach innen?

Stellen wir uns vor, das Essen bestünde aus Kugelschichten, wie eine Zwiebel. Nehmen wir an, jede Schicht sei einen Zentimeter dick und nehme zehn Prozent der einfallenden Mikrowellenenergie auf. Nach dem ersten Zentimeter sind noch 90 Prozent der Energie übrig, nach dem zweiten noch 81 Prozent, nach dem dritten noch 73 Prozent usw. Sie sehen, dass die Mikrowellenenergie zum größten Teil in die äußeren Schichten geht und sehr wenig direkt zum Zentrum gelangt.

Das Essen in einem Mikrowellenherd kocht also von außen nach innen. Woher kommt dann der Mythos, dass Mikrowellen das Essen von innen her kochen?

Zwei Erklärungen sind denkbar.

Da war zunächst Spencers geplatztes Ei, das sich von innen her zu erwärmen schien. Das lag jedoch daran, dass die Schale des Eis einen geringen und das Innere einen hohen Wassergehalt hat. Das Ei schien »normal« zu sein, bis das Wasser im Inneren sich in Dampf verwandelte und es zum Platzen brachte. In diesem Fall kochte das Innere (das Wasser), das Äußere (die Schale) jedoch nicht.

Zweitens haben Teig und andere fetthaltige Krusten einen geringen Wassergehalt. Wenn Sie im Ofen gebackene Kartoffeln oder eine Fleischpastete im Mikrowellenherd erwärmen, wird die Kruste beziehungsweise der Teig nicht sehr heiß werden, wohl aber der Inhalt. Vorsicht, wenn Sie in die Kartoffel oder die Pastete beißen: Die wasserarme

Kruste beziehungsweise die Außenschicht ist kühl, das Innere ist sehr heiß. Sie könnten sich die Zunge verbrennen!

Radar

Mikrowellen sind lediglich sehr kurze Radiowellen von etwa zehn Zentimeter Länge, so viel wie die Breite Ihrer Hand.

RADAR steht für »RAdio Detection And Ranging«. »Detection« bedeutet, dass es Objekte finden (oder detektieren) kann. »Ranging« bedeutet, dass es Ihnen die Entfernung zu dem gefundenen Objekt angeben kann. Außerdem kann es Ihnen verraten, ob das Objekt sich auf Sie zu oder von Ihnen fort bewegt, und wie schnell.

Heute wird Radar für die Flugsicherung und die Durchsetzung der Straßenverkehrsordnung genutzt. Radar hilft bei der Navigation von Flugzeugen und Schiffen, misst Geschwindigkeiten in der Industrie und im Sport, und es wird dazu benutzt, den Weg von Raumfahrzeugen zu verfolgen und sogar Planeten zu betrachten.

Schizophrenie und gespaltene Persönlichkeit

In dem Film *Me, Myself and Irene* spielt Jim Carrey einen Kleinstadtpolizisten mit zwei Persönlichkeiten. Man sagt ihm, eine gespaltene Persönlichkeit sei Bestandteil seiner Diagnose »Schizophrenie mit unwillkürlichen narzisstischen Anwandlungen«. Bei einer vom Nationalen Behindertenverband der USA in Auftrag gegebenen Umfrage erklärten zwei Drittel der Befragten, ihrer Meinung nach sei Persönlichkeitsspaltung ein Bestandteil der Schizophrenie. Aus medizinischer Sicht hat »gespaltene Persönlichkeit« jedoch nichts mit »Schizophrenie« zu tun.

Im 19. Jahrhundert schrieb Robert Louis Stevenson von den zwei Persönlichkeiten von Dr. Jekyll und Mr. Hyde, die im Körper ein und derselben Person wohnen. Der Ausdruck »gespaltene Persönlichkeit« kehrte erneut in den allgemeinen Sprachgebrauch zurück, nachdem Corbett H. Thigpen und Hervey M. Checkley 1957 ihr berühmtes Buch *Die drei Gesichter Evas* veröffentlicht hatten, das auf den Erlebnissen einer ihrer Patientinnen beruhte. Man stellte sich allgemein vor, dass der Mensch zwischen zwei oder mehr ganz verschiedenen Persönlichkeiten hin und her pendeln kann. Damals wurde die Erkrankung als Multiple Persönlichkeitsstörung (MPS) bezeichnet. Sie wurde in der vierten Auflage des *Diagnostic and Statistical Manual of Mental Disorders*, der »Bibel« der Psychiatrie, umbenannt in Dissoziative Identitätsstörung (DIS).

Die Diagnose ist dennoch ziemlich umstritten. Während die DIS nach Ansicht einiger Psychiater selten ist oder gar nicht existiert, behaupten andere, sie sei weit häufiger, als ursprünglich angenommen. Einer der allerersten dokumentierten Fälle von MPS war der von Mary Reynolds im Jahr 1817. Zwischen 1817 und 1944, als die Dres. W. Taylor und M. Martin im *Journal of Abnormal and Social Psychiatry* einen großen Rückblick auf die MPS gaben, waren nur 76 Fälle von MPS diagnostiziert worden. Thigpen und Checkley schrieben im Jahr 1984, sie zweifelten mittlerweile an der Richtigkeit einer MPS-Diagnose. Mit anderen Worten – die »gespaltene Persönlichkeit« als Krankheit gibt es möglicherweise gar nicht.

Bedauerlicherweise ist »Schizophrenie« dagegen weit häufiger; sie betrifft ein Prozent der Bevölkerung. Sie ist eine ernste Erkrankung, die sich in Gestalt auffälliger Störungen im Denken, den Emotionen, dem Verhalten und den Wahrnehmungen eines Menschen äußert. Gewöhnlich tritt sie erstmals in der Adoleszenz oder im frühen Erwachsenenalter auf, sie kann sich aber auch erst später bemerkbar machen. Bei Männern tritt sie gewöhnlich früher, bei Frauen später auf.

Die Symptome lassen sich unterteilen in positive (aktive) und negative (passive).

Zu den zahlreichen positiven (aktiven) Symptomen gehören

* Wahnvorstellungen (man glaubt, Gedanken würden einem von außen eingegeben, oder man sei Elvis, oder man werde verfolgt)
* Halluzinationen (man sieht oder riecht nicht vorhandene Dinge oder hört Stimmen, die einem sagen, was man tun soll, oder die das eigene Tun kommentieren)
* Störungen des Denkens (irrationale Sprünge der Rede von Thema zu Thema, Erschaffung neuer Wörter)

* Störungen des Verhaltens (man trägt mehrere Schichten Kleidung übereinander oder ruft in der Öffentlichkeit unangebrachte Dinge)

Wahnvorstellungen kommen bei 90 Prozent der Schizophrenie-Kranken vor, akustische Halluzinationen bei 50 Prozent, optische Halluzinationen nur bei 15 Prozent. Zu den negativen (passiven) Symptomen gehören

* Rückzug
* Antriebslosigkeit
* Affektlosigkeit
* seltene Äußerungen, und wenn doch, sind sie repetitiv oder vage
* nichtssagende Erscheinung (starrer Gesichtsausdruck, reduzierte Körpersprache und verminderte spontane Bewegungen)

Der verbreitete Mythos, die »gespaltene Persönlichkeit« sei Bestandteil der Schizophrenie, mag daher rühren, dass das aus dem Griechischen stammende Wort »Schizophrenie« »gespaltener Geist« bedeutet. Hier bezieht sich das Wort »gespalten« jedoch nicht auf die Persönlichkeit, sondern auf die Tatsache, dass die Person »von der Realität getrennt« ist.

Das Wort »Schizophrenie« wird in Hollywoodfilmen, Büchern, Musik- und Theaterkritiken, auf Sportseiten und in Bezug auf widersprüchliche Situationen immer noch unkorrekt verwendet (man spricht beispielsweise von religiöser Schizophrenie oder von der Schizophrenie eines Geheimagenten).

Über die Schizophrenie an sich sind schon genügend Mythen im Umlauf. Dieses bedrückende Leiden mit der ganz anders gearteten und unglaublich seltenen Erkrankung der »gespaltenen Persönlichkeit« durcheinanderzubringen, ist jedenfalls vollkommen überflüssig.

Andere Mythen über die Schizophrenie

1. Schizophrenie wird durch schlechte Erziehung und mangelnde Charakterstärke verursacht.

   Die Ursachen der Schizophrenie sind noch nicht restlos geklärt. Es gibt eine genetische Komponente und einige schlechtverstandene Umwelt- und biologische Auslöser.

2. Menschen mit Schizophrenie sind labil und gewalttätig und können ganz plötzlich »wild« werden.

   Die überwiegende Mehrheit der Erkrankten stellt, genau wie die überwiegende Mehrheit der nicht Betroffenen, keine Gefahr für die anderen dar.

3. Schizophrenie ist unheilbar.

   Viele Fälle können geheilt werden. Die Hoffnung auf Heilung ist sogar Bestandteil der Behandlung.

4. Schizophrenie-Kranke haben eine geistige Behinderung.

   Nein, das sind ganz verschiedene Leiden. Gewiss kann Schizophrenie abstraktes Denken und Konzentration beeinträchtigen, aber die Intelligenz ist dadurch nicht betroffen.

5. Schizophrenie wird verursacht durch Hexerei, böse Geister oder Besessensein von Dämonen.

   Nein. Schizophrenie ist weder Gottes Strafe für die Sünden einer Familie noch ist sie das Ergebnis einer unerwiderten Liebe.

Pyramidenbau

Man muss nur lange genug vor dem Fernseher sitzen – irgendwann kommt bestimmt eine Sendung über die Geheimnisse der Pyramiden. Man kann über die späteren ägyptischen Pyramiden nur staunen, sind sie doch gewaltig und in jeder Hinsicht nahezu perfekt. In manchen Fernsehsendungen wird behauptet, die Pyramiden müssten von einer höheren Zivilisation errichtet worden sein, denn die Ägypter hätten ja noch nicht einmal das Rad erfunden.

Die Große Pyramide in Gizeh wurde errichtet, um den Leichnam des Pharao Khufu (Cheops) aufzunehmen, der von 2590 – 2567 v. Chr. herrschte. Sie war ursprünglich rund 146 Meter hoch, was ungefähr der Höhe eines Wolkenkratzers mit 45 Stockwerken entspricht. Auf der Grundfläche, die bei einer Kantenlänge von etwa 230 Metern 5,3 Hektar misst, ruhen 2 300 000 Steine. Jeder Stein hat ein Volumen von einem Kubikmeter und wiegt einige Tonnen. Wie konnten bloße Menschen ein so gewaltiges Bauwerk errichten, zumal wenn sie noch nicht über das Rad verfügten?

Im »Land des Glaubhaften« findet sich eine Fülle von Antworten.

Da war zunächst Stuart Kirkland Weir, der 1996 im *Cambridge Archaeological Journal* den Pyramidenbau unter dem Gesichtspunkt der erforderlichen Energie untersuchte, was auf eine schlichte Zeitstudie hinauslief. Wer berechnete, wie viel Energie ein Mann pro Tag bereitstellen konnte und wie viel potenzielle Energie in den Steinen steckte, die zusammen rund sieben Millionen Tonnen wogen. Die potenzielle Energie ist die zusätzliche Energie, die ein Objekt dadurch gewinnt, dass es in eine bestimmte Höhe gehoben wird. Weir rechnete aus, dass für die Große Pyramide rund zehn Millionen Arbeitstage erforderlich waren; das bedeutete beispielsweise, dass 1250 Arbeiter rund 8400 Tage oder 23 Jahre lang damit beschäftigt waren. Berücksichtigt man Feiertage, Unfälle und durch Reibung bedingte Probleme, dann hatte eine achtmal so große Zahl von Arbeitern (unterstellen wir einmal 10 000 Mann, weniger als 1 Prozent der damaligen Bevölkerung Ägyptens) genügend Zeit, die Aufgabe in einem Vierteljahrhundert zu bewältigen.

Der griechische Historiker Herodot berichtet, dass rund 100 000 Mann beim Bau der Pyramiden beschäftigt waren. Einerseits könnte er sich geirrt haben, schrieb er doch rund 2000 Jahre nach der Errichtung der ägyptischen Pyramiden. Andererseits würden 100 000 Mann die Sache beträchtlich erleichtern. Und sie würden rund zehn Prozent der Bevölkerung beanspruchen und damit Arbeitslosigkeit und soziale Unruhe verringern.

Zweitens ist die Große Pyramide nicht vollkommen. Die Länge der Kanten weist eine Abweichung von rund 18 cm auf. Sie ist nicht absolut eben, sondern in der südöstlichen Ecke ganz leicht erhöht.

Drittens haben Archäologen die Steinbrüche entdeckt, aus denen die Steine geholt wurden, und Reste der Rampen, auf denen diese in die oberen Bereiche der Pyramide befördert wurden. An den Grabwänden des Herrschers Djehutihotep aus der 12. Dynastie (rund 2000 Jahre v. Chr.) wird dieser Vorgang ausführlich dargestellt. Eine riesige, fünf Meter hohe und 60 Tonnen schwere Statue des Djehutihotep ruht auf einem Holzschlitten, und an Seilen, die an der Vorderkante des Schlittens befestigt sind, ziehen 172 Arbeiter in Viererreihen. Über die Füße der Statue gebeugt, sitzt ein Mann, der ein flüssiges Gleitmittel ausgießt, damit der Schlitten leichter vorankommt. Und natürlich ist auch ein Anführer dabei, der bequem auf den Knien der Statue sitzt und den Arbeitern unten vermutlich ermunternde Worte oder Befehle zuruft.

Sechzig Tonnen auf 172 Arbeiter verteilt, ergibt pro Mann eine Zuglast von 330 kg. Moderne Rekonstruktionen haben gezeigt, dass man mithilfe eines Gleitmittels leicht einen Reibungskoeffizienten von 0,1 erreichen kann. Der einzelne Arbeiter brauchte also nur 33 kg zu bewegen, eine durchaus glaubhafte Zahl.

Schließlich sind Archäologen gerade im Begriff, eine Stadt auszugraben, in der die am Bau der Großen Pyramide beteiligten Arbeiter lebten. Bisher haben sie Straßen, Häuser, Friedhöfe, Bäckereien und die ganze Infrastruktur gefunden, die für den Unterhalt einer fluktuierenden Bevölkerung von 20 000 Menschen erforderlich ist.

Edgar Cayce, nach eigenem Bekunden medial begabter Prophet, erklärte, die Pyramiden seien 10 500 Jahre v. Chr. von einer höheren Zivilisation errichtet worden, die ihre Geheimnisse in einer bislang unentdeckten »Halle der Dokumente« unter den Vorderpfoten des Sphinx verbarg und anschließend verschwand.

Das stimmt zum Teil. Sie wurden von einer höheren Zivilisation errichtet – den Ägyptern vor 4500 Jahren.

Die Arbeiter

Seit Generationen haben Archäologen sich vornehmlich dem Hochadel Ägyptens gewidmet, den Königen und Königinnen.

Zahi Hawass (Direktor der Archäologie in Gizeh) und Mark Lehner (Archäologe an der Harvard-Universität) haben sich dagegen mit den Arbeitern befasst. Sie waren keine Sklaven, sondern Bürger, die stolz darauf waren, an einem nationalen Projekt mitzuwirken. Hawass hat 1990 einen Arbeiterfriedhof entdeckt, und Lehner hat mit der Ausgrabung ihrer untergegangenen Stadt begonnen.

Dank der Grabinschriften und gefundener Anweisungen an die Arbeiter haben wir jetzt so etwas wie ein Arbeitsablaufdiagramm. Die Arbeiterschaft war in Gruppen unterteilt, die jeweils für einen bestimmten Teil des Pyramidenbaus verantwortlich waren, zum Beispiel die Errichtung der Kammerwände, die Anbringung des inneren Granitdaches auf den Wänden usw. Die Gruppen bestanden aus zahlreichen Teams, die jeweils in vier bis fünf kleinere Einheiten aufgeteilt waren. Jede Einheit hatte ihren Namen, »Die Große«, »Die Grüne«, »Freunde Khufus« oder gar »Säufer von Menkaure«.

Ein Priester schrieb über die Arbeiter, die sein Grab errichteten: »Ich entlohnte sie mit Bier und Brot und ließ sie beschwören, dass sie zufrieden waren.«

Astrologie

Das Wort »Desaster« stammt aus dem Lateinischen und bedeutet »Unstern«. Offenbar glaubten die Römer, die Sterne hätten Einfluss auf unser tägliches Leben. Das stimmt nicht, doch selbst heute noch teilen viele Menschen ihren Glauben.

Es gibt mehrere Arten von Astrologie. Die »allgemeine Astrologie« erkundet, wie sich »bedeutsame« Konstellationen der Sterne und Planeten auf die Menschheit auswirken. Die »Geburtshoroskopie« betrachtet Ihr Leben unter dem Aspekt der Stellung der Sterne und Planeten im Augenblick Ihrer Geburt, während die »Stundenhoroskopie« versucht, den günstigsten Augenblick zu ermitteln, um eine bestimmte Aufgabe in Angriff zu nehmen.

Die Idee, dass sich in den Sternen der »göttliche Wille« ausdrückt, kam vor rund 2300 Jahren bei den Babyloniern auf. Mit bloßem Auge erkannten sie sieben am Himmel wandelnde Objekte (die sie Sterne nannten): die Sonne, den Mond, Merkur, Venus, Mars, Jupiter und Saturn. Die Babylonier glaubten, auf diesen »Sternen« lebten die Götter und lenkten das Schicksal von Ländern und Menschen. Die Lenkung sollten die Götter entweder direkt ausüben, durch Eingriffe in unsere Angelegenheiten, oder indirekt, durch die verwickelten Beziehungen dieser Sterne untereinander.

Um die Stellung dieser Sterne leichter beschreiben zu

können, teilten die Babylonier den Himmel in 12 Abschnitte ein; ihr Zahlensystem basierte nämlich nicht auf 10, sondern auf 12. Heute nennen wir diese 12 Abschnitte die 12 Häuser im Tierkreis, also Wassermann, Fische, Widder und so weiter. Durch jahrzehntelange genaue Beobachtung des Himmels erkannten die babylonischen Astronomen/ Astrologen, dass diese sieben Sterne sich auf ganz und gar vorhersagbare Weise durch die Häuser im Tierkreis bewegen und sich alljährlich zur selben Zeit wieder an derselben Stelle im selben Haus befinden.

Doch genau das ist das Problem.

Aufgrund der Drehung der Erde verschieben sich die Konstellationen alle 72 Jahre um etwa einen Grad. Die Erde dreht sich um eine gedachte Achse, die durch den geografischen Nord- und Südpol geht. Aber die Drehung ist nicht konstant. Haben Sie schon mal mit einem Kreisel gespielt? Dann wissen Sie, dass die Drehachse bald zu flattern beginnt. Nach und nach beschreibt sie einen vollständigen Kreis.

So ist es auch mit der Drehachse der Erde, nur dass sie rund 26 000 Jahre braucht, um einen vollständigen Kreis zu beschreiben. Die Sternzeichen werden daher grob alle 2000 Jahre (26 000 Jahre geteilt durch 12 Häuser) um ein Haus verschoben. Die Horoskope, die Sie in der Zeitung lesen (und die oft vom jüngsten diensthabenden Journalisten verfasst sind), weichen also um ein Haus vom richtigen ab. Sie sollten unter dem vorhergehenden Sternzeichen nachschauen.

Das ist keine neue Entdeckung. Hipparch war der Erste, der im Jahr 129 v. Chr. diese Verschiebung der Sterne bemerkte, als er astronomische Aufzeichnungen aus älterer Zeit mit seinen eigenen Beobachtungen verglich.

Was aber das Wichtigste ist: Es gibt eine Reihe ausgiebiger statistischer Untersuchungen über astrologische Horoskope, die sich sämtlich als wertlos erwiesen. Der Psychologe Bernard Silverman von der Michigan State University hat zum Beispiel 2978 verheiratete und 478 geschiedene Paare untersucht. Zwischen dem Merkmal, unter »unverträglichen« Sternzeichen geboren zu sein, und der Scheidungsrate gab es nicht den geringsten Zusammenhang.

Der berühmte französische Astrologe Michel Gauquelin bot den Lesern von *Ici Paris* kostenlose Horoskope an, falls sie bereit waren, sich durch Rückmeldung darüber zu äußern, ob seine »individuellen« Charakteranalysen zutrafen. Dann schickte er Tausende von identischen Horoskopen hinaus. Seine Deutung treffe genau auf sie zu, antworteten 94 Prozent der Empfänger. Was sie nicht wussten: Er hatte ihnen das Horoskop des Massenmörders Dr. Petiot geschickt, der vor Gericht zugab, 63 Menschen getötet zu haben.

Es ist praktisch, wenn man sein Missgeschick den Sternen anlasten kann. Doch näher an der Wahrheit war wohl Cassius, als er laut Shakespeare im Theaterstück *Julius Cäsar* sagte: »Nicht durch die Schuld der Sterne, lieber Brutus, Durch eigne Schuld nur sind wir Schwächlinge.«

Probleme mit der Astrologie

Es gibt so viele Probleme mit der Astrologie, dass man nicht weiß, wo man anfangen soll.

Erstens: Wann ist ein Baby geboren? Wenn die Fruchtblase platzt? Oder wenn der Kopf des Babys erscheint? Oder wenn seine Füße herauskommen? Oder wenn die Nabelschnur durchgeschnitten wird? Oder wenn die Plazenta ausgestoßen wird? Wenn die Sterne wirklich so mächtig sind, warum sollten dann die dünnen Schichten der Bauchwand der Mutter und der Gebärmutter für diese übernatürlichen Kräfte irgendein Hindernis sein?

Zweitens: Was wäre, wenn beim Lesen des Tageshoroskops ein Zwölftel der Weltbevölkerung auf die Idee käme, für ein erregendes Wochenende mit einem hochgewachsenen, stattlichen Unbekannten nach Tasmanien zu fliegen? Wie würden die Fluggesellschaften mit dem unerwarteten Andrang fertig werden?

Drittens: Warum sind all die Menschen, die im selben Jahr am selben Tag geboren sind, so verschieden? Sollten sie sich in ihrer äußeren Erscheinung, ihrer Lebensweise und ihrem Verhalten nicht alle gleichen?

Nutzen Sie Ihr Gehirn

Das menschliche Gehirn gehört zu den kompliziertesten Dingen, die wir kennen. Aus der Sicht des Stoffwechsels kommt der Betrieb dieses Organs sehr teuer, denn es braucht eine Menge Energie. Obwohl es von unserem Gesamtgewicht nur zwei Prozent ausmacht, beansprucht es 20 Prozent der Blutversorgung und 20 Prozent unserer Energie – und erzeugt rund 20 Prozent unserer Wärme.

Hartnäckig behauptet sich der Mythos, wir nützten eigentlich nur zehn Prozent unseres Gehirns, und wenn wir auch die übrigen 90 Prozent nutzen würden, könnte jeder einen Nobelpreis oder eine Goldmedaille bei der Olympiade gewinnen oder gar die übersinnlichen Fähigkeiten freisetzen, über die wir angeblich verfügen.

Dieser fast hundert Jahre alte Mythos kommt in regelmäßigen Abständen wieder auf und wird seit einigen Jahren von sogenannten »Motivationstrainern« schamlos ausgebeutet. Man brauche sich bloß zu ihren kostspieligen Kursen anzumelden, sagen sie, und schon sei man in der Lage, die gesamte Leistungskraft seines Gehirns zu nutzen.

Eine viel gelesene Quelle, die schon früh an diesen Mythos anknüpft, ist Dale Carnegies Buch *How To Win Friends and Influence People* (deutsch: *Wie man Freunde gewinnt*) aus dem Jahr 1936. Carnegie wollte seine Behauptung untermauern, man brauche sein Gehirn nur ein wenig härter zu trainieren, um das eigene Leben gewaltig zu verbessern.

Kühn behauptete er ohne den geringsten neurologischen Beweis, die meisten Menschen nutzten nur 15 Prozent ihres Gehirns. Sein Buch verkaufte sich sehr gut und trug zur Verbreitung des Mythos bei.

Was Dale Carnegie verkündete, beruhte wahrscheinlich auf einer Missdeutung der Experimente, die der Neuropsychologe Karl Lashley in den Zwanzigerjahren des vorigen Jahrhunderts durchgeführt hatte. Lashley wollte herausfinden, wo genau im Gehirn das seltsame Ding namens »Gedächtnis« seinen Ort hatte. Er ließ Ratten durch Labyrinthe laufen und beobachtete, wie gut sie sich an den Weg erinnerten, wenn er sukzessive immer mehr von ihrer Hirnrinde entfernte. Lashley fand heraus, dass das Gedächtnis nicht an einem bestimmten Ort sitzt, sondern über die ganze Hirnrinde und vermutlich noch einige andere Orte verteilt ist. In Wirklichkeit zeigten seine Ergebnisse, dass Gedächtnisprobleme auftauchen, sobald ein Teil der Hirnrinde entfernt wird.

Die ziemlich eindeutigen Ergebnisse Lashleys wurden jedoch gründlich missgedeutet und besagten nun, dass die Ratten sich gut erinnern konnten, bis ihnen nur noch zehn Prozent des Gehirns blieben. Diese Missdeutung hat zwei Haken. Erstens hat Lashley nicht behauptet, wir bräuchten nur zehn Prozent unseres Gehirns. Zweitens hat er nicht bis zu 90 Prozent des Gehirns einer Ratte entfernt.

Alle zehn Jahre kommen auch andere Versionen des Mythos wieder auf. So soll Albert Einstein, ein echtes Supergehirn, gesagt haben – na, was schon? –, dass wir »nur zehn Prozent unseres Gehirns nutzen«. Oder ein namentlich nicht genannter Wissenschaftler soll entdeckt haben, dass wir tatsächlich nur zehn Prozent unseres Gehirns in Anspruch nehmen. Einer weiteren Version zufolge sind zehn Prozent der Hirnmasse der bewusste und die restlichen neunzig Prozent der unbewusste Teil. (Eine solche klare Aufteilung gibt es in Wirklichkeit nicht.)

Eine Dokumentation unter dem Titel »Is Your Brain Really Necessary?« wurde in den Achtzigerjahren vom britischen Fernsehen in Yorkshire ausgestrahlt. Darin ging es um das Werk des verstorbenen, auf Kinderkrankheiten spezialisierten Neurologen Professor John Lorber. Er hatte viele Fälle von Hydrozephalus (Wasserkopf) gesehen, ein Leiden, das die Hirn-Rückenmark-Flüssigkeit betrifft, die das Gehirn und das Rückenmark umspült. Wird davon zu viel produziert oder der Abfluss aus dem Gehirn blockiert, sammelt sie sich im Schädel. Durch diese zusätzliche Flüssigkeit dehnt sich gewöhnlich der Schädel. Es kommt aber auch vor, dass die Hirnsubstanz schwindet, weil sie gegen den knochigen Schädel gepresst wird.

Professor Lorber erörterte einige Fälle, in denen junge Leute trotz geringer Hirnmasse normale Intelligenz besaßen. In einem ungewöhnlichen Fall war die graue Masse des Gehirns, die normalerweise 45 Millimeter dick ist, nur einen Millimeter dick. Trotzdem hatte der junge Mann einen Intelligenzquotienten von 126 (der Durchschnitt ist 100) und einen akademischen Grad in Mathematik erworben!

Das beweist nicht, dass der größte Teil des Gehirns nutzlos ist. Es zeigt jedoch, dass das Gehirn sich manchmal auch von schwerwiegenden Verletzungen erholen oder diese kompensieren kann.

Schließlich wird der Mythos, wir nutzten nur zehn Prozent unseres Gehirns, durch die Erfindung neuer bildgebender Verfahren (Positronenemissionstomografie und funktionelle Magnetresonanztomografie), die den Hirnstoffwechsel zeigen können, widerlegt. Bei einer einzelnen Tätigkeit (wie Reden, Lesen, Gehen, Lachen, Essen, Schauen oder Hören) nutzen wir nur einen Bruchteil des Gehirns, doch im Laufe eines vollen 24-Stunden-Tages werden alle Teile auf dem Bildschirm aufleuchten.

Würden Sie tatsächlich alle Bereiche Ihres Gehirns

gleichzeitig nutzen, hätten Sie vermutlich einen epileptischen Anfall im Grand-Mal-Stadium. Und schließlich werden Sie wohl nie einen Doktor sagen hören: »Zum Glück hatte er den Schlaganfall in den 90 Prozent des Gehirns, die nie genutzt werden, er wird also wahrscheinlich wieder gesund werden.«

Zehn Prozent, das kann stimmen oder auch nicht ...

Das menschliche Gehirn enthält rund zehn Milliarden Neuronen. Das sind die Zellen, die nach herkömmlicher Ansicht das gesamte »Denken« leisten.

Diese zehn Milliarden Neuronen werden von hundert Milliarden anderer Zellen »gestützt«. Zu ihnen gehören die Astroglia – diese bilden das Stützgerüst für die Neuronen und versorgen sie außerdem mit Nährstoffen. Eine andere Klasse von Stützzellen bilden die Oligodendrozyten, welche die isolierende Markscheide aus Myelin ausbilden, die die Fortsätze des Neurons umgibt. Ferner gibt es Ependymzellen, die die Hohlräume (Ventrikel) im Gehirn auskleiden. Mikrogliazellen erfüllen die Funktion des Immunsystems.

Die Neuronen machen zehn Prozent der Zellen im Gehirn aus, die Stützzellen 90 Prozent.

Jetzt wird es ein bisschen komplizierter. Bei der Autopsie von Einsteins Gehirn machte man eine seltsame Entdeckung: Er hatte mehr von diesen »stützenden« Zellen als normal. Könnte es nicht sein, dass diese stützenden Zellen selbst ein wenig denken ...?

Quantensprung

Sollten Sie in Wirtschaftskreisen verkehren, werden Sie ungefähr einmal pro Monat auf den Quantensprung stoßen, etwa in einem Satz wie diesem: »Mein Plan wird in der Performance einen riesigen Quantensprung bringen.« Der Haken ist nur: Ein Quantensprung ist nicht riesig, er ist sogar die kleinste mögliche Veränderung.

Seien Sie unbesorgt, falls Sie die Quantenmechanik nicht verstehen – Sie befinden sich da in sehr guter Gesellschaft. Die Theorie der Quantenmechanik ist nämlich ziemlich verrückt und oft eine Herausforderung für den gesunden Menschenverstand. Nehmen wir die folgende Aussage: »Das Elektron, das um den Kern eines Wasserstoffatoms herumsaust, saust tatsächlich um den Kern dieses Wasserstoffatoms herum, aber zugleich ist es überall im Universum.« Diese Aussage ist wahr, so unglaublich sie auch klingt. Die Quantenmechanik geht offensichtlich jedem vernünftigen Atom in Ihrem Körper gegen den Strich. Dennoch: sie funktioniert. Fast alle elektronischen Geräte, die wir heute benutzen, wurden aus den Erkenntnissen entwickelt, die aus dieser Theorie abgeleitet wurden, seien es Mobiltelefone, Fernseher oder die Computer auf Ihrem Schreibtisch und in Ihrem Auto.

Das Konzept der Quantenmechanik wurde Anfang des 20. Jahrhunderts von Wissenschaftlern wie Max Planck, Albert Einstein, Niels Bohr, Erwin Schrödinger und Werner

Heisenberg ersonnen und entwickelt. In Michael Frayns Theaterstück *Kopenhagen* geht es um ein Gespräch, das Bohr und Heisenberg 1941 über die Möglichkeit führten, eine Atomwaffe zu konstruieren. Gebaut werden konnte sie nur aufgrund der damaligen Erkenntnisse der Quantenmechanik. Die meisten Wissenschaftler neigen heute übrigens zu jener Version der Quantenmechanik, die man »Kopenhagener Interpretation« nennt.

In der Quantenmechanik geht es um das Verhalten von Materie und Licht im allerkleinsten Maßstab, ganz unten im Reich der Atome und der subatomaren Teilchen. Die Zeiten und Entfernungen, um die es geht, sind Milliarden Milliarden Milliarden Milliarden Mal kleiner, als wir sie aus unserem normalen Alltag kennen.

Grundlegend für die Quantenmechanik ist die Idee, dass Energie nur in kleinen Paketen ausgetauscht werden kann. Man kann eins oder zwei bekommen, aber nicht anderthalb.

Beim Autofahren haben Sie den Eindruck, dass Sie die Geschwindigkeit stetig verändern können. Sie können von 0 km/h sanft auf 0,0001 km/h beschleunigen, dann auf 0,0002km/h und so weiter. Wenn es jedoch möglich wäre, Ihr Auto auf den Quantenmaßstab des Allerkleinsten zu verkleinern, würden Sie sehen, dass Sie die Geschwindigkeit nur von einer bestimmten Zahl (sagen wir 0 km/h) auf die nächsthöhere Zahl (sagen wir 1 km/h) verändern könnten. Es gäbe keine Geschwindigkeit zwischen 0 km/h und 1 km/h. In der Quantenwelt würde sie plötzlich von 0 km/h auf 1 km/h springen.

Darauf beruht höchstwahrscheinlich der Mythos, dass Quantensprünge groß sind. Ein Quantensprung ist ein ganz eindeutiger Sprung. Sie haben einen Daseinszustand (0 km/h) verlassen und sind in einem ganz anderen Zustand (1 km/h) wieder aufgetaucht.

Ein Quantensprung erfolgt, wenn ein physikalisches

Objekt sich aus einem Quantenzustand in einen anderen begibt. Ein Quantenzustand ist der eindeutige Zustand eines Objekts, der auf einer ganzen Reihe von unklaren und kaum verständlichen physikalischen Größen beruht. Von diesen Größen merken wir in der realen Welt normalerweise nichts. Sie heißen »Spin«, »Ladung«, »Farbe«, »Strangeness« und »Charm«.

Zwar sind diese Größen unglaublich unklar, und oft widersprechen sie dem gesunden Menschenverstand, aber dennoch kann der Computer auf Ihrem Schreibtisch oder in Ihrem Auto nur gebaut werden, wenn wir von der Quantenmechanik wenigstens ein bisschen verstehen.

Wenn Wirtschaftsvertreter also von »Quantensprüngen« sprechen, dann meinen sie im Grunde, dass es zu einer eindeutigen Veränderung kommen wird – und dass sie nur mit den empfindlichsten von Menschen gebauten Instrumenten gemessen werden kann. Beim Übergang aus der Welt der Physik in den allgemeinen Sprachgebrauch hat sich also auf geheimnisvolle Weise die Bedeutung des Ausdrucks »Quantensprung« von »sehr klein« zu »sehr groß« gewandelt.

Wahrheit und Schönheit

Vor einigen Jahren wurde ich aufgefordert, mich um eine Stelle bei einer Gewissen Firma zu bewerben. Die Bewerbung, hieß es, würde ein Kinderspiel sein. Der Chef der Gewissen Firma sagte sogar, wenn ich an Bord käme, würden die Dinge einen riesigen Quantensprung machen. Ganz sanft und höflich machte ich darauf aufmerksam, dass Quantensprünge sehr winzig sind. (Wir können ja, besonders in der Wissenschaft, an den Tatsachen nichts ändern.)

Sein Gesicht lief dunkelrot an, und gleichzeitig weiteten sich seine Pupillen. Ich verstand das so, dass die Gewisse Firma mich nicht einstellen würde.

Später hörte ich, dass es »Mord und Totschlag« geben würde, falls man mich einstellen würde. Dies ist ein gutes Beispiel dafür, dass »die Wahrheit uns frei macht«, denn ich war frei – von Arbeit.

Weiße Flecken auf den Fingernägeln

Wer hat nicht schon angesichts kleiner weißer Flecken auf seinen Fingernägeln zu hören bekommen, das läge an einem zu geringen Zinkgehalt oder nicht genügend Kalzium im Körper? Wenn man herumfragt, bekommt man eine ganze Reihe noch interessanterer Meinungen, beispielsweise »zu viel Kalzium«, »unkorrekte Strukturproteinbildung im Körper«, »Nagelhaut zu stark zurückgeschoben«, »Untätigkeit des Drüsenkreislaufs« und »Entwässerung des Nagels durch zu viel Toluol oder Formaldehyd im Nagellackentferner«. Andere nennen Nierenkrankheit, Allergien, Pilzinfektionen, veränderte Hormonspiegel, Fasten, Erkältungen und Virusinfektionen. Doch die beliebteste Erklärung ist Zinkmangel, und sie ist genauso falsch wie die anderen Varianten.

Viele Tiere schützen die Enden ihrer Gliedmaßen mit Krallen, Klauen oder Hufen, die sich vielfach auch als Waffen eignen. Der Mensch und andere Zweibeiner haben stattdessen Nägel, harte, hornige Platten auf der Rückseite der Finger und Zehen. Der Nagel schützt das Finger- und Zehenende, hilft einem, kleine Gegenstände aufzuheben, und kann als kratzende Waffe benutzt werden.

So einfach Nägel auch zu sein scheinen, hat man sie doch bis heute kaum verstanden.

Nägel bestehen überwiegend aus einem Protein namens Keratin. Fingernägel wachsen durchschnittlich um einen

Millimeter in zehn Tagen, im Sommer schneller, im Winter langsamer, schneller bei kräftigen jungen Erwachsenen und langsamer bei den ganz Jungen und den ganz Alten. Das gesamte Wachstum des Nagels vollzieht sich an seiner Basis, im Nagelbett. Dort werden fortlaufend neue Zellen gebildet, und indem sie wachsen, schieben sie den eigentlichen Nagel, die Nagelplatte, vorwärts in Richtung des Finger- oder Zehenendes.

Im Nagelbett findet ein reger Stoffwechsel statt, und es reagiert empfindlich auf gesundheitliche Veränderungen. Verschiedene Aspekte der Gesundheit können sich darin äußern, dass die Nägel dicker oder dünner, rissig oder gerillt werden. Wenn Sie unter starker Belastung oder Fieber leiden, kann sich das Wachstum der Nägel dramatisch verlangsamen und Querfurchen auf den Nägeln hinterlassen, sogenannte Beau-Reilsche-Querfurchen. Umgekehrt werden Nägelkauer gern zur Kenntnis nehmen, dass ihre schlechte Gewohnheit das Nagelwachstum sogar beschleunigt. Eine ganze Reihe von Herz- und Lungenerkrankungen kann – den Grund kennt man nicht – die Form der Nägel so verändern, dass die Endglieder der Finger wie kleine Keulen wirken. Man spricht dann von »Trommelschlägelfingern«. Durch eine genaue Betrachtung der Fingernägel ist es möglich, über hundert verschiedene Leiden zu diagnostizieren.

Was ist aber nun mit den weißen Flecken auf den Nägeln, die offiziell unter dem Namen »punktförmige Leukonychie« firmieren? Mit Zinkmangel haben sie nach Auskunft von Dermatologen nichts zu tun. Ursache sind meistens kleine Schäden am Nagelbett, in dem der Nagel gebildet wird. Wer diese Diagnose benutzt, um Ihnen einen Zinkzusatz anzudrehen, liegt daher falsch.

Einige Anomalien der Nägel

Quergefurchte Nägel: Beau-Reilsche-Querfurchen.

Längsgefurchte Nägel: Ein Trauma im Nagelbett führt zur Störung oder Schädigung der wachsenden Zellen.

Dickere Nägel: Der ganze Nagel ist verdickt aufgrund subungualer (unter dem Nagel befindlicher) Hyperkeratose (zu viel Keratin), verursacht beispielsweise durch Psoriasis oder eine Pilzinfektion. Ähnelt den bei Psoriasis (Schuppenflechte) auftretenden verdickten Hautschuppen.

Dünnere Nägel: Können mehrere Ursachen haben, darunter äußere Kräfte (z. B. schichtweise Aufsplitterung des Nagels längs der Oberfläche, Onychoschisis genannt), Krankheiten (z. B. Knötchenflechte) oder äußere Faktoren wie Nagelhärter oder falsche Nägel.

Weiße Längsstreifen und Querrillen: Arsenvergiftung.

Blaue Nägel: zu viel Silber (z. B. aus Tropfen gegen allergische Rhinitis).

Der Bibel-Code

Menschen lesen aus den Dingen gern Muster heraus. In einer Wolke erkennen sie einen Delfin, in einem Kartoffelchip das Gesicht von Jesus, und sogar auf der Oberfläche des Mars glauben sie ein Gesicht zu erkennen. Michael Drosnin behauptete 1997 in seinem Bestseller *Der Bibel-Code*, jeder könne mittels eines einfachen mathematischen Codes die Zukunft aus der Bibel herauslesen. Er bezog sich dabei auf einige Bücher der hebräischen Bibel wie Genesis, Exodus, Levitikus, Numeri, Jesaja und Deuteronomium. Der Code war verblüffend einfach. Fangen Sie bei einem beliebigen Buchstaben im Buch Genesis an, überspringen Sie (beispielsweise) drei Buchstaben, schreiben Sie den vierten Buchstaben auf, überspringen Sie dann nochmals drei Buchstaben, schreiben Sie den achten Buchstaben auf, und so weiter. (Mathematiker sprechen von einem »Skipcode«, nach dem englischen Wort »skip«, »überspringen«.) Setzen Sie dies fort, bis auf unerklärliche Weise erkennbare Wörter in Erscheinung treten. Wenn Sie mit drei übersprungenen Buchstaben keine brauchbaren Wörter finden, probieren Sie es mit dem Überspringen von vier oder fünf oder jeder beliebigen Zahl von Buchstaben.

Drosnin wandte diese Methode mit unterschiedlichen Abständen auch auf die Thora an. Er behauptet, er habe auf diese Weise Prophezeiungen der Ermordung von Präsident Kennedy, Robert Kennedy und des israelischen Ministerpräsidenten Yitzhak Rabin gefunden, ferner Voraussagen des Bombenanschlags von Oklahoma City, der Machtergreifung Hitlers und der meisten bedeutsamen Ereignisse des 20. Jahrhunderts. Allerdings musste er, um den Namen RABIN zu generieren, jeweils 4771 Buchstaben überspringen.

Drosnin hat dieses Phänomen nicht als Erster untersucht. In der Kabbala, einer Geheimlehre der jüdischen Mystik aus dem 12. Jahrhundert, wird auch manchmal mit solchen Codes gearbeitet. Der israelische Mathematiker Eliyahu Rips berichtete 1994 in der Zeitschrift *Statistical Science*, im Buch Genesis könne man mit einem Skipcode eine Menge erkennbarer Wörter finden. Grant Jeffrey und Yacov Rambsel wandten in ihrem 1995 erschienenen Buch *The Signature of God* einen Skipcode von 20 Buchstaben auf das Buch Jesaja an und fanden den Satz: »Jeschua (Jesus) ist mein Name.«

Dabei wird jedoch einiges nicht bedacht: Erstens hat dieser Code eine hohe Trefferrate bei der »Vorhersage« von Ereignissen, nachdem sie stattgefunden haben und bereits in den Geschichtsbüchern stehen. 1997 sagte Drosnin den Weltuntergang vorher, für das Jahr 2000 oder vielleicht 2006 oder vielleicht nach 2006 oder vielleicht nie. Mit dieser allgemeinen Vorhersage hatte er jede Möglichkeit berücksichtigt, eine Garantie, dass sie sich irgendwann bewahrheiten wird. Eine seiner vielen »Vorhersagen« hat sich allerdings erfüllt – die Ermordung Rabins.

Zweitens werden die kurzen Vokale der hebräischen Sprache beim Niederschreiben gewöhnlich weggelassen, und man muss sie sich selbst hinzudenken. Folglich können hebräische Namen ganz unterschiedlich geschrieben werden, was die Trefferchancen erhöht.

Drittens funktioniert der Code bei jedem Buch, nicht nur bei der Thora. Professor Brendan McKay, Mathematiker an der Australian National University, hat sich damit in einem

Artikel über »The Bible Code: Fact or Fraud« befasst. Drosnins Verfahren, schreibt er, seien so unspezifisch, dass er in jedem beliebigen Buch »prophetische Botschaften« finden könne. Drosnin formulierte daraufhin in einem Interview mit dem Magazin *Newsweek* eine Herausforderung: »Wenn meine Kritiker in *Moby Dick* eine verschlüsselte Botschaft über die Ermordung eines Ministerpräsidenten finden sollten, werde ich ihnen glauben.« McKay wandte daher den Skipcode auf *Moby Dick* an. Er fand in dem Roman viele berühmte Mordfälle, darunter die Ermordung von Ministerpräsident Rabin und die von John Kennedy, Martin Luther King Jr. und Trotzki.

Mit dem Skipcode fand McKay in Tolstois *Krieg und Frieden* 59 Wörter, die mit dem jüdischen *Chanukka* verwandt waren. Und Dr. Rips, dessen Artikel von 1994 Drosnin dazu inspirierte, den *Bibel-Code* zu verfassen, schrieb: »Ich unterstütze weder Herrn Drosnins Arbeit über die Codes noch die Schlussfolgerungen, die er daraus ableitet.«

Lügen und Statistiken

Das vielfach Mark Twain zugeschriebene Zitat »Es gibt drei Sorten von Lügen: Lügen, gemeine Lügen und Statistiken« beschreibt den Bibel-Code sehr gut.

Rips' Artikel von 1994 erschien in der Zeitschrift *Statistical Science*, die, wie im wissenschaftlichen Bereich üblich, den Artikel vor der Veröffentlichung einer Handvoll anonymer Fachleute auf dem betreffenden Gebiet zur Begutachtung und Genehmigung vorlegte.

Trotz dieses Verfahrens ist *Statistical Science* eine lebendige und interessante Zeitschrift. Den Gutachtern fiel auf, dass zufällig, aber allzu häufig reale Namen in dem Artikel auftauchten, doch sie waren nicht auf Anhieb in der Lage, den Grund zu erkennen. Im Geiste der wissenschaftlichen Forschung legten sie den Artikel den Lesern als ein »herausforderndes Rätsel« vor. Es dauerte einige Jahre, bis

McKay und seine Kollegen die Fehler in Rips' Artikel von 1994 fanden. Weit mehr Fehler fanden sie in Drosnins Buch.

Schokolade macht Pickel

Wir kennen den alten Spruch: Du bist, was du isst. Das heißt natürlich nicht, dass man, wenn man Karotten isst, selbst zur Karotte wird. Gemeint ist vermutlich, dass, wer übermäßig diversen Speisen zuspricht, dadurch erkranken kann, beispielsweise an koronarer Herzkrankheit, Diabetes, hohem Blutdruck, Karies und Darmkrebs. Aber bekommt man von Schokolade wirklich Akne?

Schokolade wurde erstmals vor 2600 Jahren im Norden Belizes in Mittelamerika gegessen. Man hat Spuren von Schokolade in mehreren alten Keramikgefäßen in der Region gefunden. Als im 15. Jahrhundert die Spanier kamen, wurde Schokolade zu den meisten Mahlzeiten verzehrt, gewöhnlich zusammen mit anderen Zutaten wie Mais oder Honig. Hernando Cortez, der spanische Eroberer Mexikos, brachte 1519 drei Kisten Kakaobohnen mit in seine Heimat. Die Spanier konnten das Rezept für Trinkschokolade bis 1606 geheim halten, als die Schokolade plötzlich in Italien auftauchte. Damit begann ihre Weltherrschaft. Heute schätzen Antarktisreisende Schokolade wegen ihres hohen Kaloriengehalts, und wir, die gewöhnlichen Sterblichen, mögen sie, weil sie großartig schmeckt. Sie enthält außerdem Koffein und andere Substanzen, die unmittelbar auf die »Wohlfühl«-Neurotransmitter im Gehirn einwirken.

Aber was hat es mit der fast weltweiten Ansicht auf sich, Schokolade sei eine der schlimmsten Ursachen von Akne?

Akne liegt eine Überaktivität der Talgdrüsen zugrunde. Diese münden in einen Haarfollikel, der sich zur Haut hin öffnet. Fast am ganzen Körper gibt es Talgdrüsen, besonders dicht sind sie im Gesichts- und Brustbereich gesät, während sie an den Fußsohlen und den Handinnenflächen gänzlich fehlen. Diese Drüsen sondern ein öliges Sekret ab, den Talg, der sich aus Fetten wie etwa Triglyzeriden, Cholesterin und Wachsen zusammensetzt.

Bei Akne ist die Talgdrüse überaktiv. Ein Gemisch aus Talg, Keratin und Resten toter Zellen verstopft den Ausführungsgang der Drüse, die daraufhin anschwillt.

Manchmal nimmt die Akne schlimmere Formen an. In diesen komplizierteren Fällen dringen Bakterien in die aufgeblähte Drüse ein und infizieren sie. Noch schlimmer wird es, wenn der Inhalt der geschwollenen Drüse in das angrenzende Gewebe diffundiert und dort eine Entzündung und eine Zyste hervorruft.

Was hat Menschen dazu bewogen, zwischen Schokolade und Akne einen Zusammenhang herzustellen? Es war die Tatsache, dass Schokolade genau wie Talg reich an Fetten ist. Man stellte sich vor, dass der Körper derjenigen, die viel Schokolade essen, das Fett aus der Süßigkeit durch die Talgdrüsen loszuwerden sucht. Dadurch, vermutete man, würden die überlasteten Talgdrüsen verstopft und zu Akne ausarten.

Für diese Vermutung gab es nicht den geringsten Beweis, aber dennoch wurde in Dermatologie-Handbüchern aus den Fünfzigerjahren des vorigen Jahrhunderts ungerührt behauptet, Schokolade verursache Akne. Zwischen den Sechziger- und den Achtzigerjahren versuchten Dermatologen zu beweisen, dass zwischen dem Genuss von Schokolade und Akne ein Zusammenhang besteht.

Man hat in raffiniert angelegten Untersuchungen mithilfe schwach radioaktiver Markierung verfolgt, welchen Weg die in der Schokolade enthaltenen Fette im Körper nehmen. Keines gelangte in den Talg, womit erwiesen ist, dass es keinen molekularen Zusammenhang zwischen Schokolade und Akne gibt.

In einer anderen Studie ließ man eine Gruppe männlicher Gefängnisinsassen und eine Gruppe von Jugendlichen zwei Arten von »Schokoladen«riegeln essen, die sich im Geschmack kaum unterschieden. Eine Hälfte der Riegel enthielt zehnmal so viel Schokolade wie üblich, die andere Hälfte überhaupt keine. Es stellte sich heraus, dass Schokolade keine größere Häufigkeit von Akne hervorruft.

Um noch einmal auf die köstliche Schokolade und den alten Spruch zurückzukommen, dass »du bist, was du isst«: Was in aller Welt ist dagegen einzuwenden, süß, begehrt und für jedermann verlockend zu sein? Der Kakaobaum, aus dessen Bohnen die Schokolade gemacht wird, heißt schließlich »Theobroma« – und das bedeutet »Götterspeise«.

Soll man Pickel ausdrücken?

Nein, auf keinen Fall. Beim Ausdrücken eines Pickels wird der Haarfollikel physisch beschädigt. Außerdem werden dadurch Zellreaktionen ausgelöst, die zu einer verstärkten Ausschüttung von Leukotrienen und Enzymen führen, die ihrerseits Entzündung und Narbenbildung nach sich zieht. Die Narbe ist flach, bräunlich pigmentiert und verschwindet irgendwann wieder, aber erst nach mehreren Jahren.

Wenn Sie den Anblick der geschwollenen, vereiterten Spitze eines Mitessers allerdings nicht ertragen können oder wenn er wehtut, weil er so voller Eiter ist, können Sie etwas tun. Sterilisieren Sie zunächst eine Nadel mit denaturiertem Alkohol oder über einer Flamme. Stechen Sie dann (das sollte jemand anders machen, der eine sehr ruhige Hand hat) in die Spitze des Mitessers, aber nur oberflächlich (nicht tiefer als einen Millimeter). Wischen Sie zum Schluss den Eiter mit einem sauberen Tuch oder einem

Papiertuch ab (es braucht nicht steril zu sein). Aber egal was Sie tun – drücken Sie auf keinen Fall den Pickel aus.

Andererseits macht es manchen mächtig Spaß, einen Pickel auszudrücken ...

Mythen um die Geburt

Seit es eine geschichtliche Überlieferung gibt, waren Hebammen für die medizinische Betreuung von Schwangeren zuständig. Zu einem bedeutenden Wandel kam es im 17. Jahrhundert, als der europäische Adel dazu überging, Ärzte bei der Entbindung heranzuziehen. Zu Beginn des 20. Jahrhunderts wurde die Entbindung zum Gegenstand der medizinischen Wissenschaft. Aber noch immer gibt es zahlreiche Mythen darüber, wie man die Geburt eines überfälligen Babys beschleunigen kann. Es hat sich gezeigt, dass die meisten nicht funktionieren, und einige können sogar riskant sein.

(Allerdings kann auch die Weheneinleitung riskant sein, mit der die Mediziner im Krankenhaus versuchen, die Entbindung schneller herbeizuführen. Dass ein Eingriff im Krankenhaus erfolgt, bedeutet nicht automatisch, dass er unbedenklich ist, und wenn er außerhalb einer Klinik erfolgt, ist er deshalb nicht automatisch gefährlich.)

Zunächst einige Hintergrundinformationen. Bei den meisten Frauen setzen die Wehen von selbst ein, normalerweise ausgelöst durch Signale des Ungeborenen. (Bei Erstgebärenden liegen zwischen den ersten Wehen und der Geburt im Durchschnitt 14 Stunden.) Die Wehen können sich in die Länge ziehen, wenn der Muttermund narbige Veränderungen von einer früheren Geburt aufweist, die Kontraktionen der Gebärmutter schwach sind oder das

Ungeborene ungünstig liegt. Wenn es nötig ist, greift man bisweilen zu verschiedenen Wehenmitteln, um die Geburt zu verkürzen.

Es gehört zu den verbreitetsten Ansichten, dass Gehen und körperliche Bewegung die Geburt voranbringen. John Schaffir vom College of Medicine and Public Health der Ohio State University findet es erstaunlich, dass es bisher keine Untersuchungen darüber gibt, wie sich Gehen und körperliche Bewegung auf den gesamten Verlauf der Schwangerschaft auswirken. (Manchen Frauen im letzten Schwangerschaftsstadium tut es anscheinend gut, wenn sie umhergehen – und das muss gut sein.) Einer Studie zufolge dauert die Schwangerschaft bei Frauen, die sehr fit sind, ein wenig kürzer, doch über durchschnittliche Frauen gibt es keine Untersuchung. Leichte sportliche Betätigung während der Schwangerschaft ist tatsächlich von Vorteil, doch anstrengende Übungen führen zu kleineren Babys, vorzeitigen Geburten und schwangerschaftsinduziertem Bluthochdruck.

Keine Studie ist der Frage nachgegangen, ob Wehen auch durch Geschlechtsverkehr eingeleitet werden können (viele Paare haben es aber trotzdem probiert). Diese Methode ist glaubwürdig, weil sowohl in der Samenflüssigkeit als auch in den üblichen Wehenmitteln sogenannte Prostaglandine enthalten sind. Auch Orgasmen der werdenden Mutter im Spätstadium der Schwangerschaft sollen zu verstärkten Wehen beitragen.

Wie Versuche gezeigt haben, kann eine dreistündige Stimulation der Brustwarzen an drei aufeinanderfolgenden Tagen zur »Zervixreifung« beitragen. Das bedeutet, dass der Gebärmutterhals eher bereit ist, das Baby auszustoßen, und zuweilen die Wehen auslöst. Aber nicht immer ist die Stimulation der Brustwarzen unbedenklich. Wenn sie sehr stark ist, kann sie eine Überaktivität der Gebärmutter anregen. In seltenen Fällen zog sich dadurch die Gebärmutter so stark zusammen, dass das Baby gequetscht wurde und seine Herzrate gefährlich sank. In einem derartigen Fall half nur noch ein Kaiserschnitt. Ein australischer Geburtshelfer berichtete kürzlich, dass die Brustwarzen einer Patientin durch die Stimulation so wund waren, dass sie anfangs nicht stillen konnte.

Abführmittel sind ein beliebtes Mittel der Volksmedizin zur Weheneinleitung. Sie sind mäßig wirksam, aber auch hier gibt es Risiken. Das Kind hat seinen ersten Stuhlgang normalerweise *nach* der Geburt. Es gibt aber Fälle, wo das Abführmittel das Kind noch in der Gebärmutter zum Stuhlgang veranlasste. Da das Kind im Fruchtwasser schwimmt, kommt es zu einer Verunreinigung der Lunge, die große Probleme verursachen kann, wenn das Kind zu atmen beginnt.

Zu den volkstümlichen Mitteln der Geburtseinleitung gehören verschiedene Kräuter, zum Beispiel Waldhimbeere, Frauenwurzel oder Traubensilberkerze. Die Waldhimbeere bewirkt zwar eine größere Regelmäßigkeit der Kontraktionen, lässt sie aber auch schwächer werden. Klistiere gehören seit Langem zur Geburtsvorbereitung, aber es spricht nichts dafür, dass sie die Geburt beschleunigen. Es gab sogar Fälle, in denen Mutter und Kind durch die Anwendung von Klistieren gestorben sind. Zu den etwas fragwürdigen Methoden, die Entbindung durch Verzehr würziger Speisen oder dadurch zu beschleunigen, dass man die Mutter erschreckt, gibt es keine aussagekräftigen Berichte.

Eine wichtige Lehre kann aus alldem gezogen werden: Schwangerschaft ist keine Krankheit, und in der Regel werden Mutter und Kind nach der Entbindung wohlauf sein, ohne dass es eines äußeren Eingriffs bedarf.

Nennen Sie mir die Tatsachen

Ein aus Steinen gebautes Haus ist mehr als ein Haufen Steine. Im gleichen Sinne baut die Wissenschaft auf Tatsachen auf, aber sie ist mehr als ein Haufen Tatsachen. Sir Karl Popper, der britische Philosoph der Natur- und Sozialwissenschaften, schrieb: »Eine Behauptung ist wahr, wenn sie den Tatsachen entspricht oder mit ihnen übereinstimmt.«

Was aber, wenn die Tatsachen sich ändern? Die Medizin ist schließlich keine Wissenschaft, sondern eine Kunst.

Bei der Überprüfung von 260 Kurzberichten, die zwischen 1935 und 1995 in der Zeitschrift *Surgery, Gynecology and Obstetrics* erschienen waren, stellte sich heraus, dass nur die Hälfte der »Tatsachen« 45 Jahre später noch als »wahr« betrachtet wurde.

In einer anderen Studie wurden 474 Schlussfolgerungen auf dem Gebiet der Lebererkrankung überprüft, die in der Zeit von 1945 – 1999 in den Zeitschriften *Lancet* und *Gastroenterology* erschienen waren. Auch hier galt nur die Hälfte der »Tatsachen« 45 Jahre später noch als »wahr«.

Der britische Neurologe John Hughlings Jackson war sehr weise, als er sagte: »Es dauert 50 Jahre, eine falsche Idee aus der Medizin heraus-, und 100 Jahre, eine richtige Idee hineinzubringen.«

Uluru unter der Lupe

Der Uluru (früher Ayers Rock) ist für die meisten Nicht-Australier der Inbegriff Australiens. Für die Anangu, die hier ansässigen Ureinwohner, ist er von höchster kultureller Bedeutung. Touristen und australischen Schulkindern wird erzählt, der Uluru sei der größte Monolith der Welt. Ein Monolith ist ein »Stein aus einem Stück«, und demnach soll der Uluru ein riesiger Kiesel sein, der auf dem Wüstensand ruht beziehungsweise teilweise in ihm begraben ist. Doch das ist nach Auskunft von Geologen eine Legende.

Die Ureinwohner kennen den Uluru seit Zehntausenden von Jahren. Die Europäer spürten ihn erst vor Kurzem auf. Der Entdecker Ernest Giles erblickte ihn am 13. Oktober 1872 aus großer Entfernung, der Lake Amadeus war ihm im Weg. Der Entdecker W. C. Gosse näherte sich dem Uluru am 19. Juli 1873. Er schrieb: »Der Hügel bot, als ich mich ihm näherte, einen höchst eigentümlichen Anblick, denn der obere Teil war mit Löchern oder Höhlen übersät. Aber wie erstaunt war ich, als ich die Sandhügel hinter mir gelassen hatte und nur noch zwei Meilen entfernt und der Hügel erstmals deutlich zu sehen war, festzustellen, dass er ein einziger riesiger Fels war, der sich abrupt aus der Ebene erhob; die Löcher, die ich bemerkt hatte, waren hervorgerufen durch das Wasser, das an einigen Stellen riesige Höhlen bildete.« Der Uluru ist in der Tat beeindruckend, wie er sich mehr als 300 Meter über den Wüstensand erhebt, mit einem Umfang von über 8 Kilometern.

Gosse gab dem Fels den Namen »Ayers Rock«, nach Sir Henry Ayers, dem damaligen Premier von Süd-Australien.

Ein Großteil Zentralaustraliens lag von 900 bis 600 Millionen Jahren vor der Gegenwart unter dem Meeresspiegel im sogenannten Amadeus-Becken. Flüsse luden bis vor rund 550 Millionen Jahren Sand und Geröll auf diesem Meeresboden ab, als Teile des Amadeus-Beckens sich zu heben begannen. Aus diesem Sand und Geröll besteht der Uluru. Während eines Zeitraums von 100 Millionen Jahren (zwischen 400 und 300 Millionen Jahren vor der Gegenwart) kollidierte die Landmasse, die den Uluru enthielt, mit anderen Kontinenten, was Senkungen, Verwerfungen und weitere Hebungen zur Folge hatte. Diese Kollision in Zeitlupe presste die Sand- und Geröllablagerungen zu einem Fels zusammen und kippte sie gleichzeitig um fast 90 Grad zur Seite. Von da an waren die erhöhten Oberflächen während der folgenden paar hundert Millionen Jahre der Erosion ausgesetzt.

Einige über die Umgebung hinausragende Stellen (Uluru, Kata Tjuta und Mount Connor) erhielten sich, weil sie aus härterem Gestein waren, das zufällig mit Quarz zusammengebacken worden war. Vor rund 65 Millionen Jahren wurde das örtliche Klima sehr viel feuchter. Flüsse strömten in der Gegend, und Sedimente füllten die Täler zwischen Uluru, Kata Tjuta und Mount Connor, bis eine ebene Landschaft entstand. In den folgenden 65 Millionen Jahren passierte, geologisch gesehen, nicht viel, abgesehen von der weitergehenden Erosion.

Ist der Uluru also der größte Monolith?

Erstens ist der Uluru nicht der größte australische Fels, der sich über die umgebende flache Ebene erhebt. Der Mount Augustus in West-Australien ist größer.

Zweitens ist der Uluru kein isolierter Riesenfelsblock,

der teilweise im Wüstensand begraben ist. Er gehört vielmehr zu einer gewaltigen, überwiegend unterirdischen Gesteinsformation, die ungefähr 100 Kilometer breit und vielleicht fünf Kilometer mächtig ist. Nur drei Teile davon ragen sichtbar aus dem Boden: der Uluru, die herrlichen Dome von Kata Tjuta (früher unter dem Namen »die Olgas«) und der vergessene Berg Mount Connor. Die Geologen Sweet und Crick schreiben: »Der Uluru ist kein Riesenfelsblock, wie eine verbreitete Ansicht uns glauben machen möchte. Der gewaltige senkrechte ›Block‹ aus Stein, von dem der Uluru nur die sichtbare Spitze darstellt, erstreckt sich weit unter die umgebende Ebene ...«

Andererseits gibt die Wendung »größter Monolith der Welt« eine hübsche Story ab, um Touristen herbeizulocken. Man muss es ja nicht unbedingt in Gegenwart eines Geologen aussprechen.

Ulurus Farbe

Würden Sie das Gestein des Uluru mit Bürste und Seife schrubben, sähe man, dass die Grundfarbe grau ist. Dieses Grau können Sie in einigen der Höhlen sehen.

Die rote Farbe des Uluru stammt vom Rost, der nichts anderes ist als Eisenoxid. Einst gab es im australischen Outback riesige Gebirge aus Eisenoxid. Sie sind im Laufe von Hunderten Millionen Jahren verwittert. Der Staub von diesen Bergen wehte über das Outback und färbte die ganze Landschaft.

Die Farben des Uluru ändern sich bei Sonnenuntergang, weil die Sonne dann so tief steht und die Strahlen der Sonne eine dickere Schicht der Atmosphäre durchdringen müssen. Das blaue Licht wird abgelenkt, und übrig bleibt das rote Licht, das alles in ein strahlendes Rot taucht.

Typhoid Mary

Typhus ist eine sehr unangenehme Krankheit, obwohl seit 1948 Antibiotika wie Chloramphenicol zur Verfügung stehen. Heute infizieren sich alljährlich noch immer rund 17 Millionen Menschen (vorwiegend in Afrika, Südamerika sowie in Süd- und Ostasien), von denen rund 600 000 sterben. Vor dem Aufkommen der Antibiotika war Typhus sehr gefürchtet. Das ist einer der Gründe, warum Mary Mallon zu Beginn des 20. Jahrhunderts in New York als »Typhoid Mary« geschmäht und dämonisiert wurde. Es hieß, sie habe jeden, mit dem sie in Berührung kam, vorsätzlich und böswillig mit Typhus angesteckt.

Heute bezieht sich die Wendung »Typhoid Mary« auf jemanden, der Tod und Verderben mit sich bringt. Dazu würde die Vorstellung passen, dass Typhoid Mary Tausende von Menschen umgebracht hat. Aber das hat sie nicht getan.

Hippokrates hat Typhus schon vor 2400 Jahren beschrieben. Der Name geht auf das griechische Wort *typhos* zurück, das »Nebel« oder »Wolke« bedeutet und sich auf den verworrenen Geisteszustand des Leidenden bezieht. Alexander der Große ist mutmaßlich im Jahr 325 v. Chr. an Typhus gestorben.

Verursacht wird die Krankheit durch ein Bakterium namens *Salmonella typhi*, das nur beim Menschen vorkommt. Übertragen wird es auf dem fäkal-oralen Weg, und auch deshalb sollte man sich nach dem Toilettenbesuch und vor der Essenszubereitung die Hände waschen. Das Bakterium breitet sich auch über die Wasserleitung aus, die den bedeutendsten Infektionsweg darstellt. Heute kommt die Krankheit vorwiegend in übervölkerten Gebieten vor, beispielsweise in Flüchtlingslagern und Städten in ärmeren Ländern. Die Sterblichkeitsziffer liegt zwischen 1 und 20 Prozent, je nachdem, ob Antibiotika zur Verfügung stehen. Von den unbehandelten Erkrankten werden 1–2 Prozent zu Dauerüberträgern. Der erste Anfall verläuft zuweilen so glimpflich, dass er nicht erkannt wird. So kommt es zum »symptomlosen Überträger«, der andere infizieren und dabei nicht glauben kann, dass er selbst jemals infiziert wurde.

Robert Koch, einer der Begründer der wissenschaftlichen Bakteriologie, führte auf einem wissenschaftlichen Kongress in Berlin am 28. November 1902 den Begriff des »gesunden Typhusüberträgers« ein. Er hatte diesen Gedanken in jahrelangen genauen Beobachtungen entwickelt. Seine Erkenntnisse wurden bald von anderen europäischen Wissenschaftlern bestätigt. Doch ins allgemeine Bewusstsein war die Idee offenkundig noch nicht vorgedrungen.

Deshalb mochte Mary Mallon in den Anfängen des 20. Jahrhunderts nicht glauben, dass sie eine Überträgerin war. 1869 in Irland geboren, war sie als Teenager in die Vereinigten Staaten gekommen. Dumm war sie jedenfalls nicht – sie hatte eine gute Handschrift, und sie las gern Dickens und die New York Times. Sie pochte entschieden auf ihre Unabhängigkeit, war hochgewachsen, blond und blauäugig, und sie hatte eine energische Mund- und Kinnpartie. Außerdem war sie arm, weiblich und katholisch, in einer Stadt, in der reiche männliche Protestanten den Ton angaben. Kochen war ihre Leidenschaft und ihr Vergnügen. Sie kochte so gut, dass die reiche Familie in Manhattan, bei der sie arbeitete, sie mitnahm, als sie 1906 in einem gemieteten Haus auf Long Island Sommerurlaub machte.

Doch der Sommer entpuppte sich als sehr unerfreulich, denn von den elf Haushaltsmitgliedern erkrankten sechs an Typhus. Der Hauseigentümer war besorgt, das Haus künftig nicht mehr vermieten zu können, wenn es mit Typhus in Verbindung gebracht würde. Daher beauftragte er George A. Soper, einen New Yorker Sanitärtechniker, herauszufinden, woher der Typhus kam. Dass das Trinkwasser als Quelle infrage kam, schloss Soper rasch aus. Er setzte seine Suche fort und fand nicht nur heraus, dass von den acht Häusern, in denen Mary Mallon als Köchin gearbeitet hatte, sieben von Typhus befallen waren, sondern auch, dass eine Person gestorben war.

Marys beliebte Spezialität war Pfirsicheis. Eis ist ein idealer Nährboden für *Salmonella typhi*, weil es sowohl reich an Fett (gutes Futter für Bakterien) als auch nicht gekocht ist (und die Bakterien daher nicht abgetötet werden). Soper informierte Mary von seinen Vermutungen. Einer späteren Version zufolge mochte sie seinen Anschuldigungen keinen Glauben schenken und griff ihn mit einer Tranchiergabel an. Er flüchtete, kehrte mit Verstärkung zurück und ließ sie im Riverside Hospital für ansteckende Krankheiten auf der abgelegenen North-Brother-Insel gegenüber der Bronx einsperren. Sollte Ihnen das als eine übertriebene Reaktion vorkommen, bedenken Sie bitte, dass in jenem Jahr 1906 von den 3000 Menschen, die sich mit Typhus angesteckt hatten, 600 starben.

Nach drei Jahren und einigen Prozessen erlangte Mary Mallon ihre Freiheit mit dem Versprechen, nicht mehr als Köchin zu arbeiten. 1910 akzeptierte sie die Beschränkung, wurde freigelassen und verschwand im Menschengewimmel von New York City.

Fünf Jahre später brach erneut Typhus aus, mit 25 Fällen,

von denen zwei starben, diesmal am Sloane Hospital for Women in Manhattan. Man ermittelte, dass Mary Mallon in der Küche als Köchin tätig war, unter dem Namen Mary Brown. Diesmal wurde sie noch schneller eingesperrt, und sie blieb rund 25 Jahre auf North Brother Island, bis zu ihrem Tod im Jahr 1938.

»Typhoid Mary« erhielt den Ruf einer rücksichtslosen Frau, die wissentlich andere gefährdete. Sie war jedoch nicht die einzige »symptomlose Überträgerin«. Während der Zeit ihrer Haft wurden in New York mehrere hundert weitere symptomlose Überträger entdeckt. Auch wenn man ihr nachsagte, eine kulinarische »Gevatterin Tod« zu sein, und ihr den eingängigen Spitznamen »Typhoid Mary« gab, so war sie doch für weniger als 50 Typhusfälle verantwortlich, von denen nur drei starben. In den Zeitungen von damals wurden Überträger von Typhus als »wandelnde Lagerhäuser und Fabriken von Bakterien« und als »menschliche Kulturschalen« bezeichnet.

Damals gab es noch keine Ethikkommissionen, die zwischen Gemeinwohl und privaten Rechten hätten abwägen können, und so fiel es nicht schwer, ein strenges Exempel an einer Frau zu statuieren und zu suggerieren, sie habe Tausende umgebracht, statt wahrheitsgetreue Zahlen über Todesfälle und Infektionsraten vorzulegen.

Bakterien greifen an

Bakterien sind viel zu klein, als dass man sie mit bloßem Auge sehen könnte. Wie greifen sie uns nun an?

Im Wesentlichen mit drei Methoden.

Erstens können sie ein Exotoxin herstellen, eine giftige Substanz, die sie aus ihren winzigen Körpern ausschütten. Das Bakterium *Clostridium botulinum*, berühmt als Hersteller des Muskellähmers (und Faltenentferners) Botox (Botulinumtoxin), arbeitet mit dieser Methode.

Zweitens können sie ein Endotoxin herstellen. Diese

eklige Substanz bleibt in ihrem Körper, bis sie sterben und ihr Körper zerfällt. So arbeitet *Salmonella typhi*.

Die dritte Angriffsmethode kommt ganz ohne Toxine aus. Dafür werden wir Menschen empfindlich gegen bestimmte Teile des Körpers des Bakteriums. Auf diese Weise greift uns das Bakterium *Mycobacterium tuberculosis* an, das Tuberkulose (abgekürzt TB) hervorruft.

Einwegspiegel

Sie müssen sich nur genügend Krimis anschauen, irgendwann wird unweigerlich die Szene mit dem »Einwegspiegel« kommen: der Böse in einem hell erleuchteten Raum und der Gute in einem anderen hell erleuchteten Raum nebenan, getrennt durch den berühmten Einwegspiegel. (Man beachte, dass *beide* Räume hell erleuchtet sind.) Wir sollen glauben, dass der magische Einwegspiegel Licht nur in einer Richtung durchlässt, sodass der Gute den Bösen beobachten kann, während der Böse lediglich einen Spiegel sieht.

Das ist natürlich Unfug! So etwas wie einen Spiegel, der Licht nur in einer Richtung durchlässt, gibt es nicht. Die vierte Auflage des *American Heritage Dictionary of the English Language* glaubt allerdings an diesen Mythos. Der Einwegspiegel wird dort definiert als »ein Spiegel, der auf der einen Seite reflektierend und auf der anderen durchsichtig ist und oft zur Überwachung benutzt wird«. Ein Einwegspiegel ist aber ein Ding der Unmöglichkeit.

Allerdings können Sie die Wirkung eines solchen Spiegels simulieren, wenn Sie ein wenig mit der Beleuchtungsstärke in den beiden Räumen jonglieren.

Für Physiker ist ein Spiegel eine beliebige polierte Oberfläche, die einen Lichtstrahl reflektiert. Von den Zeiten der Griechen und Römer bis ins europäische Mittelalter war ein Spiegel einfach ein Stück Metall (z. B. Silber, Bronze oder Zinn), das man auf Hochglanz poliert hatte. Die nächste Etappe, die Beschichtung von Glas mit einer dünnen Metallschicht, begann im ausgehenden 12. Jahrhundert. Man goss in der Regel das flüssige Metall, ein Amalgam aus Quecksilber und Zinn, auf das Glas und ließ es wieder ablaufen, sodass eine dünne, schimmernde Schicht zurückblieb. Dieses Verfahren hat den Vorteil, dass Flachglas leicht herzustellen ist und man auf diese Weise eine saubere, gleichmäßige Reflexion erreicht. Justus von Liebig entwickelte 1835 das Verfahren, Glas auf chemischem (statt auf mechanischem) Weg mit Silber zu beschichten. Heute sprüht man eine dünne Silber- oder Aluminiumschicht auf das Glas. Gewöhnlich befindet sich darunter eine lichtundurchlässige Schicht.

Wie der sogenannte Einwegspiegel funktioniert, können Sie sich am Beispiel von Schallereignissen klarmachen. Stellen Sie sich zwei aneinandergrenzende Zimmer vor. Im einen hören zwei Personen sehr laute Musik, im anderen unterhalten sich zwei flüsternd. Die Flüsterer können die laute Musik von nebenan hören, aber die Leute in dem Zimmer mit der lauten Musik können die Flüsterer nicht hören.

Die übliche Einwegspiegel-Anordnung (nicht nur in Filmen) funktioniert genauso, nur mit Licht statt mit Schall.

Zwischen den beiden Räumen wird zunächst eine »spezielle« Glasplatte angebracht. Sie ist weder eine normale, durchsichtige Glasscheibe, noch ist sie ein gewöhnlicher Spiegel. Man spricht von einem halbversilberten Spiegel. Die Beschichtung mit Silber oder Aluminium ist so dünn, dass das Licht teilweise reflektiert und teilweise durchgelassen wird. Außerdem fehlt die übliche lichtundurchlässige Schicht, die sich gewöhnlich zwischen Metall und Glas befindet.

Dieser Spiegel wird einen bestimmten Teil des Lichts (sagen wir 80 Prozent) aus beiden Richtungen *reflektieren*, während das restliche Licht (20 Prozent) in beide Richtungen *durchgelassen* wird. Es ist einfach ein gewöhnlicher Zweiwegspiegel, der auf beiden Seiten gleich viel (80 Prozent) spiegelt.

Spielen Sie dann mit der Beleuchtungsstärke in den beiden Räumen. Ganz wichtig ist, dass der Raum mit dem Bösen sehr hell erleuchtet und der Raum mit dem Guten dunkel ist. Als Faustregel gilt, dass der beleuchtete Raum zehnmal heller sein soll als der dunkle.

Mit diesen beiden Faktoren – halbversilberter Spiegel und unterschiedliche Beleuchtungsstärke – erzeugen Sie den Effekt eines Einwegspiegels.

In dem hellen Raum sieht der Böse ein glänzendes Spiegelbild seiner selbst. (Das haben wir alle schon erlebt, wenn wir an einem sonnigen Tag versucht haben, durch das Schaufenster in einen verdunkelten Laden hineinzuschauen.) Das Glas lässt auch ein sehr schwaches Bild des Guten durch, das aber von dem eigenen strahlenden Spiegelbild des Bösen völlig überdeckt wird.

Der Gute in dem dunklen Raum kann alles mühelos sehen. Der Spiegel wird auch das Bild des Guten reflektieren, aber so schwach, dass es von dem sehr viel helleren Bild des Bösen überdeckt wird.

Warum zeigen die Filme den Guten immer in einem hell erleuchteten Raum? Weil manche Schauspieler 40 Millionen Dollar pro Film bekommen, annähernd 500 000 Dollar pro Minute. Das Studio möchte den Zuschauern für ihr Geld etwas bieten – und deshalb wird der Gute in hellem Licht gezeigt.

Einwegspiegel unmöglich

Ein Spiegel, der Licht nur in einer Richtung durchlässt, ist ein Ding der Unmöglichkeit.

Angenommen, Sie würden einen sechsseitigen Kasten bauen, der ganz aus diesem magischen Spiegelmaterial besteht. In ihn würde Licht einströmen, aber es käme nicht wieder heraus. Schließlich hätten Sie eine Menge Licht in dem Kasten, das eine gewisse Energie besitzen würde. Sie hätten einen Zauberkasten, der sich von selbst mit Energie füllt. Wenn Sie nun ein Loch in den Kasten machen würden, könnten Sie die herauskommende Energie nutzen. Wenn Sie dann das Loch verstopfen würden, würde sich der Kasten, ohne dass dazu Arbeit nötig wäre, erneut auf magische Weise mit Energie füllen.

Dieser Kasten würde Energie aus nichts schaffen, was den Gesetzen der Thermodynamik zuwiderliefe. Sie könnten mit einem Einwegspiegel ein Perpetuum mobile bauen.

CD-SCHROTT

Die ältesten uns bekannten Musikinstrumente sind gestimmte Knochen. Vor rund 20 000 Jahren entstanden, wurden sie aus den Schulterblättern, Hüftknochen, Kieferknochen, Stoßzähnen und Schädelknochen von Mammuts hergestellt. Ein Team aus Kriminologen, forensischen Wissenschaftlern und Musikwissenschaftlern kam zu dem Schluss, dass diese Knochen als primitive Perkussionsinstrumente dienten, wie sie etwa Trommeln oder Becken darstellen. Ihren Ton haben sie bis zum heutigen Tag bewahrt. Ähnliches behaupten manche über die Stärke und Langlebigkeit von Compactdiscs – wenn auch etwas verhalten, im Sinne des Liedes »It ain't necessarily so« aus Gershwins Oper *Porgy and Bess*: Es muss nicht unbedingt stimmen.

Die Musik war über den längsten Teil ihrer Geschichte so flüchtig und ätherisch wie der Wind. Wer Musik live hören wollte, war auf die Dienste von lebenden Musikern angewiesen.

Das änderte sich allmählich um 1877, als Thomas Edison den »Phonographen« erfand, der Musik in Gestalt winziger Eindrücke auf einem Stanniolblatt aufzeichnete, das über einen Zylinder gewickelt war. Die Technik machte einen großen Sprung mit der Erfindung von Emil Berliner im Jahr 1887, mit der der Klang nunmehr in Gestalt winziger Höcker in spiralförmigen Rillen auf einer flachen schwarzen Scheibe aufgezeichnet wurde. Die Klangqualität verbesserte sich allmählich mit den Fortschritten dieser Grammofonplatten; es wurde mit unterschiedlich großen Platten experimentiert, die Rillen wurden schmaler, um mehr Musik darauf unterzubringen, und man probierte unterschiedliche Umdrehungszahlen pro Minute aus. Den nächsten großen Sprung machte die Klangqualität 1958 mit der Einführung der stereofonen Aufnahme. Es gab jetzt zwei Kanäle, die zwei getrennte Lautsprecher mit unterschiedlichen Klängen versorgten.

Diese Schallplattentechnik wurde nahezu obsolet, als in den Achtzigerjahren die Compactdisc eingeführt wurde. Man glaubte, sie sei unverwüstlich und würde die Pyramiden überdauern. In Wissenschaftssendungen im Fernsehen wurden CDs mit Dreck beschmiert oder gar mit dem Bohrer durchlöchert, und trotzdem klangen sie hinterher einwandfrei. Man versicherte uns, hier sei endlich ein richtiges Archivmedium gefunden, auf dem unsere gespeicherten Erinnerungen bis in alle Ewigkeit erhalten bleiben würden. Aber erneut wurden wir getäuscht.

Vergessen Sie die CD-ROM und denken Sie an die CD-SCHROTT.

Sony und Philips konstruierten die ursprüngliche Audio-CD, die 74 Minuten Musik aufnehmen kann. Man wählte diese Spieldauer, weil Norio Ohga von Sony (der in Berlin Gesang studiert hatte) bestimmte, eine CD müsse die gesamte Neunte Symphonie von Beethoven aufnehmen können, die rund 70 Minuten dauert. Und der Durchmesser der CD – sie ist etwas zu groß, um in eine Hemdentasche zu passen – wurde deshalb gewählt, weil es dadurch erschwert wird, sie zu stehlen.

Mit der Vorstellung, die Compactdisc sei unzerstörbar, war es bald vorbei.

In den Anfängen der CDs gab es Probleme mit Schwefel aus billigen Schutzhüllen aus Pappe und mit manchen Druckfarben für die Beschriftung. Die Chemikalien fraßen sich durch den Lack und zerstörten die dünne Aluminiumschicht. Diese Kinderkrankheiten wurden rasch erkannt und behoben.

Die heutigen CDs kann man ruinieren, indem man sie stark biegt oder mit einem spitzen Gegenstand, etwa einem Kugelschreiber oder einem Bleistift, über die Oberfläche fährt. Beschädigungen an Compactdiscs können auch durch Sonnenlicht und Lösungsmittel entstehen, durch Abziehen des Labels, durch Schmutz oder Staub, ja sogar durch Berühren der Oberfläche. (Ein nützlicher Hinweis: Kaufen Sie keine CD, auf der sich ein Fingerabdruck befindet, sondern verlangen Sie eine saubere. Öle, die an Fingern haften, können sich in Kunststoff einfressen.)

Unter den Aufbewahrungsbedingungen eines Archivs (niedrige Temperatur und Feuchtigkeit) sollen CDs sich laut Kodak 70 bis 200 Jahre erhalten. Aber wer hat schon Archivbedingungen, mit dauerhaft niedriger Temperatur, niedriger Feuchtigkeit und wenig Licht? Im durchschnittlichen Büro wird eine dieser teuren Archiv-CDs sich höchstens hundert Jahre halten. Schon die Hitze, die an einem Sommertag in einem Auto herrscht, kann ihre Lebensdauer auf fünf Jahre verringern.

Und dabei ist das *Domesday Book*, im Jahr 1086 auf Veranlassung Wilhelms des Eroberers zu Zwecken der Besteuerung geschaffen und heute im Public Record Office in der Londoner Chancery Lane aufbewahrt, noch immer in tadellosem Zustand. Soll das heißen, dass Steuern die Musik überdauern werden? Keine Bange! Am Anfang stand eine Mammutanstrengung, die der Musik eine längere Lebensdauer als den Steuern bescheren wird.

Mikroskopische CD

Eine Compactdisc ist eine 1,2 mm dicke Scheibe aus durchsichtigem Polykarbonat (wie es bei kugelsicherem Glas verwendet wird) mit einem Durchmesser von 12 cm. Sie speichert die Information in einer fünf Kilometer langen Spirale in erhabenen rechteckigen Höckern auf der Oberfläche. Diese Höcker sind etwa 500 Nanometer breit (rund ein Hundertstel der Dicke eines menschlichen Haares) und 125 Nanometer hoch. Die CD ist damit eines der kleinsten, leicht erhältlichen, mechanisch hergestellten Objekte, die jemals von Menschen gemacht wurden.

Da es praktisch ausgeschlossen ist, winzige durchsichtige Höcker auf einer durchsichtigen Scheibe zu erkennen, wird das Polykarbonat oben mit einer dünnen Metallschicht (gewöhnlich Aluminium, bisweilen aber auch Gold oder Silber) überzogen. Dieses schimmernde Metall reflektiert den Laserstrahl, und dadurch kann er die winzigen Höcker lesen. Leider ist diese Metallschicht sehr empfindlich und nimmt leicht Schaden. Darum wird sie noch mit einer dünnen Lackschicht überzogen, um sie vor Luft, Schmutz und aggressiven Chemikalien zu schützen. Der Titel der CD wird gewöhnlich im Siebdruck auf diesen Lack übertragen.

21 Gramm

Der Trailer für den Film 21 *Gramm* (2003) beginnt mit einer ziemlich packenden, aber ganz und gar falschen Aussage: »Es heißt, wir verlieren alle 21 Gramm genau in dem Moment, in dem wir sterben.« Es ist ein kurzer und eingängiger Aufhänger – aber wissenschaftlich betrachtet steckt nichts dahinter.

Über Jahrhunderte, wenn nicht Jahrtausende haben Menschen geglaubt, die »Seele« besitze eine eindeutige physische Substanz. Doch erst im Jahr 1907 versuchte ein gewisser Dr. Duncan MacDougall aus Haverhill in Massachusetts, die Seele zu wiegen. Für seine Untersuchung gewann er sechs todkranke Patienten. In seiner Praxis hatte er ein spezielles Bett, »angebracht auf einem leichten Gestell, das sich auf einer sorgfältig ausbalancierten Plattformbalkenwaage befand«. Er behauptete, die Waage messe genau bis auf zwei Zehntel einer Unze (etwa 5,6 g). In Anbetracht der Möglichkeit, dass ein Sterbender um sich schlägt und eine so empfindliche Waage in Unordnung bringt, beschloss er, »einen Patienten auszuwählen, der an einer Krankheit stirbt, die mit großer Erschöpfung einhergeht, sodass der Tod ohne oder mit nur geringer Muskelbewegung eintritt, weil der Waagebalken in einem solchen Fall besser im Gleichgewicht zu halten und ein eventuell eintretender Gewichtsverlust unverzüglich feststellbar war«.

Sein Artikel über »Die Seele: Hypothese über die Seelensubstanz mitsamt experimentellem Beweis für die Existenz einer solchen Substanz« erschien im April 1907 in der Zeitschrift *American Medicine*. Der Doktor behauptete, er habe im Augenblick des Sterbens einen Gewichtsverlust gemessen, der seiner Meinung damit zusammenhing, dass die Seele den Körper verließ. Er habe neben dem Spezialbett eines seiner Patienten gesessen, schrieb er, als dieser »nach drei Stunden und 40 Minuten verschied, und plötzlich, im Moment des Todes, senkte sich der Balken und schlug mit einem vernehmlichen Schlag gegen die untere Begrenzungsstange, wo er verharrte, ohne zurückzuprallen. Es wurde ermittelt, dass der Verlust eine Dreiviertelunze betrug«.

MacDougall sah sich in seiner Auffassung bestätigt durch eine Wiederholung seines Experiments mit 15 Hunden, bei denen der Eintritt des Todes keine Gewichtsveränderung brachte. Das passte haargenau mit der verbreiteten Ansicht zusammen, ein Hund habe keine Seele, und folglich werde im Augenblick seines Hinscheidens kein Gewichtsverlust eintreten.

Doch noch vor der Veröffentlichung seines Artikels brachte die *New York Times* am 11. März 1907 einen Bericht über ihn unter dem Titel: »Die Seele wiegt etwas, glaubt der Doktor.« Sein Ruf war nunmehr gesichert, hatte er doch sowohl in einer angesehenen medizinischen Zeitschrift als auch in der *New York Times* publiziert.

So wurde aus der »Tatsache«, dass die Seele drei Viertel einer Unze (ungefähr 21 Gramm) wiegt, eine allgemein bekannte Erkenntnis.

Nimmt man seine wissenschaftliche Vorgehensweise aber einmal genauer unter die Lupe, treten einige Probleme zutage.

Erstens bilden sechs sterbende Patienten keine hinreichend große Stichprobe. Wer auch nur die Grundbegriffe der Statistik studiert hat, weiß, dass die Ergebnisse von einer solchen Stichprobe statistisch nicht signifikant sind.

Zweitens – und das spricht am stärksten gegen ihn – hatte er das von ihm gewünschte Ergebnis (dass der Patient im Augenblick des Todes irreversibel Gewicht verliert) an nur *einem* der sechs Patienten gewonnen! Ein anderer Patient verlor nur zeitweise die Dreivierteluhre – und legte sie anschließend wieder zu! (War seine Seele zurückgekommen?) Bei zwei anderen Patienten wurde im Moment des Todes ein unmittelbarer Gewichtsverlust registriert, doch einige Minuten später verloren sie noch mehr Gewicht. (Starben sie zweimal?) Er nutzte also nicht sechs Resultate, sondern nur eines. Das ist ein sehr treffendes Beispiel einer »selektiven Berichterstattung«. Er behielt das eine Resultat, das seine Lieblingstheorie stützte, und überging die fünf Ergebnisse, die ihr nicht entsprachen.

Das dritte Problem ist ein wenig vertrackter. Trotz all unserer ausgeklügelten Technik ist es auch heute bisweilen noch sehr schwierig, den Augenblick des Todes genau zu bestimmen. Und welchen Tod meinte er? Den Zelltod, den Hirntod, den physischen Tod oder den gesetzlichen Todeszeitpunkt? Wie konnte Dr. Douglas MacDougall darüber im Jahr 1907 so genaue Auskunft geben? Und wie genau war seine Waage?

Aus diesem einen Ergebnis, das sich bei keinem weiteren Versuch reproduzieren ließ, entstand ein bleibender Mythos. Es mag nach dem Tod durchaus eine gewisse Leichtigkeit eintreten, die aber durch dieses Experiment nicht bewiesen wurde.

Wenn wir sterben, hinterlassen wir etwas – den bleibenden Eindruck, den wir auf andere gemacht haben. Vielleicht versucht man einmal, statt das Gewicht der Seele den Eindruck dieser seelischen Einwirkung zu messen.

Schwebt die Seele empor – oder sinkt sie herab?

An der Vorstellung, dass der Körper leichter wird, wenn die Seele ihn verlässt, stimmt etwas nicht. Wenn die Seele nämlich leichter ist als Luft und emporschwebt, sollte der zurückgelassene Körper eigentlich schwerer werden.

Angenommen, Sie sitzen im Gleichgewicht am Ende einer Wippe. An Ihrem Gürtel sind ein paar große Heliumballons befestigt, die nach oben streben – sie haben »Auftrieb«. Tatsächlich machen diese Ballons Sie leichter, als Sie eigentlich sind. Wenn Sie nun die Schnur, an der die Ballons hängen, kappen, schweben sie direkt empor, von Ihnen fort. Das »negative Gewicht« der Ballons kommt Ihnen abhanden. Sie müssten jetzt schwerer werden, und das andere Ende der Wippe müsste nach oben gehen.

Doch das passierte nicht bei Dr. MacDougalls Seelen-Bett-Experiment. Vielmehr ging das andere Ende der Waage nach unten.

Daraus folgt (sofern das Experiment »geklappt« hat), dass die Seele schwerer ist als Luft. Wenn sie den Körper verlässt, müsste sie zu Boden fallen und abwärtsfließen, statt leicht zum Himmel emporzuschweben. Wenn die Seele (gleich einem Vogel) schwerer ist als Luft, könnte sie sich vielleicht emporschwingen, indem sie mit ihren Flügeln schlägt ...

Zerebralparese und Geburt

Der englische Chirurg William Little gab in den Sechzigerjahren des 19. Jahrhunderts die erste medizinische Beschreibung des Leidens, das wir heute unter der Bezeichnung »Zerebralparese« kennen. Zerebral bedeutet »aufs Gehirn bezogen«, und unter Parese versteht man eine unvollständige Lähmung. Auf sehr wenig Belegmaterial gestützt, nahm er an, dass ein zeitweiliger Sauerstoffmangel während der Geburt Teile des Gehirns schädigt und so die Zerebralparese hervorruft. Diese Annahme war falsch, doch bis heute werden aufgrund dieses hartnäckigen Mythos Schadenersatzzahlungen in Höhe von vielen Millionen Dollar geleistet.

Die Kinder, die Little sah, hatten steife, eiskalte Gliedmaßen, des Weiteren Probleme beim Krabbeln, Gehen und Ergreifen von Gegenständen. Seltsamerweise schritt die Erkrankung nicht weiter fort, wenn sie älter wurden. Damals erhielt das Leiden die Bezeichnung Little-Krankheit.

Zerebralparese ist nicht eine einzige Krankheit, sondern eine ganze Gruppe von vielen Erkrankungen mit vielen verschiedenen Ursachen. Sie beruht auf einem anhaltenden Unvermögen des Zentralnervensystems, das eine unzureichende Kontrolle der Haltung und der Bewegungen zur Folge hat. Sie tritt im Kindesalter auf, hat aber mit den bekannten progressiv verlaufenden neurologischen Krankheiten nichts zu tun. Davon sind etwa zwei unter tausend

Kindern betroffen, und allein in den Vereinigten Staaten gibt es 500 000 Opfer. Rund zehn Prozent der Kinder mit Zerebralparese ziehen sich diese nach der Geburt zu, beispielsweise durch Meningitis, Kopfverletzungen, Beinahe-Ertrinken und dergleichen. Die Symptome sind unterschiedlich stark ausgeprägt.

Es gibt vier Haupttypen der Zerebralparese. Am häufigsten ist (mit 70–80 Prozent der Betroffenen) die spastische Zerebralparese. Der zweite Typus, von dem 10–20 Prozent der Leidenden betroffen sind, ist die athetotische (dyskinetische) Zerebralparese, die mit unkontrollierten, langsamen, geschraubten Bewegungen verbunden ist. Am dritten Typus, der ataktischen Zerebralparese, von der das Gleichgewicht und die Tiefenkoordination betroffen sind, leiden 5–10 Prozent. Der vierte Typus ist die Mischform, in der die ersten drei Varianten in unterschiedlicher Kombination vereint sind. Die häufigste Version ist die Kombination von Spastik und athetotischen Bewegungen.

Von den Kindern mit Zerebralparese hat ein Drittel normale Intelligenz, ein Drittel leichte und ein Drittel mäßige bis schwere geistige Beeinträchtigungen. Etwa die Hälfte der Kinder mit Zerebralparese hat Anfälle. Bei manchen ist das Wachstum verzögert, und Sehen und Hören sind beeinträchtigt.

Der Ansicht, Zerebralparese sei durch Sauerstoffmangel während der Geburt verursacht, trat 1897 der Psychiater Sigmund Freund entgegen. Ihm war aufgefallen, dass viele Kinder mit dieser Krankheit andere Probleme hatten, zum Beispiel Anfälle, geistige Unterentwicklung und Sehstörungen. Die Ursachen lagen seiner Meinung nach viel früher, während der Entwicklung des Fötus im Mutterleib. Eine schwierige Geburt, glaubte er, sei in manchen Fällen nur ein Symptom tieferer Ursachen, die auf die Entwicklung des Fötus einwirken.

Gleichwohl hielt die Allgemeinheit an der Vorstellung

fest, Ursache der Zerebralparese sei ein zeitweiliger Sauerstoffmangel während der Geburt – bis heute.

Die Ärzteschaft teilt diese Ansicht nicht.

Zwei Ärztegremien, das American College of Obstetricians and Gynecologists und die American Academy of Pediatrics, veröffentlichten nach dreijährigen Beratungen im Januar 2003 einen Bericht unter dem Titel *Neonatal Encephalopathy and Cerebral Palsy: Defining the Pathogenesis and Pathophysiology*. Ärzteverbände in aller Welt machten sich seine Erkenntnisse zu eigen. Die Auffassung von Geburtshelfern aus verschiedenen Ländern, dass die Ursachen der Zerebralparese in 90 Prozent aller Fälle vor der Geburt liegen, fand sich darin abermals bestätigt.

Die Hauptursache sind wahrscheinlich Infektionen während der Schwangerschaft. Weitere Ursachen sind chronischer Sauerstoffmangel während der Schwangerschaft, Entwicklungs- oder Stoffwechselstörungen im Mutterleib, Autoimmun- oder Gerinnungsstörungen bei der Mutter, Gelbsucht und Rhesusfaktorunverträglichkeit beim Neugeborenen. Dennoch bleiben einige Prozent der Fälle, in denen wahrscheinlich Sauerstoffmangel im Gehirn oder Kopfverletzungen während der Wehen und der Entbindung die Ursache sind.

Ein Kind zur Welt zu bringen ist und bleibt riskant.

Die Chancen, dass Mutter und Kind die Geburt unbeschadet überstehen, sind im Laufe der letzten vierzig Jahre zwar enorm gestiegen. Doch die Häufigkeit der Zerebralparese hat sich in dieser Zeit nicht wesentlich geändert, obwohl inzwischen die elektronische Überwachung der fötalen Entwicklung eingeführt wurde, die künstliche Weheneinleitung und die Zahl der Kaiserschnitte um ein Vielfaches zugenommen haben und die Säuglingspflege enorme Fortschritte gemacht hat.

Kinder mit einem Geburtsgewicht von unter 1500 Gramm machen nur einen winzigen Teil aller Neugeborenen aus – aber ein Viertel aller Fälle von Zerebralparese. Das lässt den Schluss zu, dass Kleinwüchsigkeit und Zerebralparese auf ein und dieselbe Ursache zurückgehen.

Aus der Tatsache, dass eine Zerebralparese oft während der Geburt oder kurz danach erkannt wird, hat man törichterweise gefolgert, das Krankenhauspersonal habe sie verursacht – ein Beispiel dafür, dass man gern den Boten köpft, der die schlechte Nachricht überbringt.

Wer an Zerebralparese leidet, hat besondere Bedürfnisse, was normalerweise bedeutet, dass er Geld braucht, das oft nur durch einen Rechtsstreit zu bekommen ist. Von den Entschädigungen, die von Geburtshelfern wegen angeblicher oder wirklicher Kunstfehler gezahlt werden, gehen etwa 60 Prozent an Fälle von Zerebralparese. Die Prozesskosten verschlingen im Schnitt bis zu 70 Prozent der zuerkannten Entschädigung. Derjenige, der das Geld braucht, bekommt also weniger als die Hälfte – eine ziemliche Verschwendung.

Sollte man nicht besser das gesamte verfügbare Geld den betroffenen Menschen zukommen lassen? Vielleicht könnten ja die Anwälte als Geburtshelfer fungieren.

Riskante Geburt

In der Regel verläuft eine Geburt normal, und ein gesundes Kind kommt zur Welt. Aber manchmal geht etwas schief, und niemand ist daran schuld.

Es kann beispielsweise zu einem »Nabelschnurvorfall« kommen. Die Nabelschnur tritt vor dem Kopf des Kindes in die Scheide ein. Wenn dann der Kopf kommt, klemmt dieser die Nabelschnur ein, und das Kind bekommt keinen Sauerstoff mehr. Selbst in einem modernen Lehrkrankenhaus mit allen modernen Einrichtungen und permanenten Notfallteams vergehen 42 Minuten zwischen dem Erkennen eines solchen Notfalls und der Entbindung des Babys.

Quellenverzeichnis

Schmutziger Schreibtisch

Adams, Cecil: »Does flushing the toilet cause dirty water to be spewed around the bathroom?«, *The Straight Dope*, www.straightdope.com/classics/a990416.html.

Murphy, Cullen: »Something in the water«, *The Atlantic*, September 1997.

Woods, Kate: »Toilet seats cleaner than desk«, *Medical Observer*, 16. April 2004, S. 23.

Nikotinarme Zigaretten

Bittoun, Renee: *The Management of Nicotine Addiction: A guide for counselling in smoking cessation*, University of Sydney Printing Service, 1998.

Fagerström, Karl Olov: »Towards better diagnoses and more individual treatments of tobacco dependence«, *British Journal of Addiction*, 1991, Bd. 86, S. 543–547.

Das Gedächtnis des Goldfisches

»In brief: musical fish«, *New Scientist*, 19. Januar 2002, S. 24.

Brown, Culum: »Familiarity with the test environment improves escape responses in the Crimson-spotted Rainbow Fish, Melanotaenia duboulayi«, *Animal Cognition*, Bd. 4, 2001, S. 109–113.

Cellulite

Pierard-Franchimont, Claudine, *et al.*: »A randomized, placebo-controlled trial of topical retinol in the treatment of cellulite«, *American Journal of Clinical Dermatology*, Nov/Dez 2000, S. 369–374.

Sainio, Eva-Lisa: »Ingredients and safety of cellulite creams«, *European Journal of Dermatology*, Dezember 2000, S. 596–603.

Einstein ein Schulversager

Reader's Digest Book of Facts, Reader's Digest Pty Ltd., 1994, S. 234, 416–417.

Broks, Paul: »The adventures of Einstein's brain«, *The Australian Financial Review*, 28. März–1. April 2002, S. 3.

Weiss, Peter: »Getting warped«, *Science News*, Bd. 162, 21. und 28. Dezember 2002, S. 394–396.

Ganz weiß, meine Sonne

de Grasse Tyson, Neil: »Things people say: The only thing worse than a blind believer is a seeing denier«, *Natural History*, Juli/August 1998.

Der Ventilator kühlt den Raum

Holper, Paul N.: *Wow! Amazing Science Facts and Trivia*, ABC Books, Sydney (Australien), S. 75.

Vondeling, John: *Physics, A World View*, Saunders College Publishing, USA, S. 222.

Walker, Jearl: *The Flying Circus of Physics*, John Wiley & Sons Inc., USA, S. 51.

Blind durch Sonnenfinsternis

Harrington, Philip S.: *Eclipse!: The what, where, when, why and how guide to watching solar and lunar eclipses*, John Wiley & Sons Inc., USA, 1997, S. 2–3, 129–131, 205–208.

Chou, Ralph: »Solar filter safety«, *Sky & Telescope*, Februar 1998, S. 36–40.

Die Betäubungsbombe
Schiermeier, Quirin: »Hostage deaths put gas weapons in spotlight«, *Nature*, Bd. 420, 7. November 2002, S. 7.
Rieder, Josef, *et al.*: »Moscow theatre siege and anaesthetic drugs«, *The Lancet*, Bd. 361, 29. März 2003, S. 1131.

Mount Everest ist nicht der höchste
»2 of British team conquer Everest – highest peak won«, *New York Times*, 2. Juni 1953, S. 1.
»Ask us«, *National Geographic*, Januar 2002.
Kiernan, Kevin, Fitch, Stu & McConnell, Anne: »Big Ben: the fire beneath the ice«, *Australian Antarctic Magazine*, Frühjahr 2001, S. 4–5.
Pott, Auriol: »A friend told me that Mt Everest isn't the the highest point on Earth. Is she right?«, *Focus*, Dezember 2000, S. 34.

Selbstmord der Lemminge
Brook, Stephen: »Lemming myths takes fall«, *Weekend Australian*, 1.–2. November 2003, S. 15.
Gilig, Olivier, Hanski, Ikka & Sittler, Benoît: »Cyclic dynamics in a simple vertebrate predator-prey community«, *Science*, Bd. 302, 31. Oktober 2003, S. 866–868.
Hudson, Peter J. & Bjørnstad, Ottar N.: »Vole stranglers and lemming cycles«, *Science*, Bd. 302, 31. Oktober 2003, S. 797–798.
Moffat, Michael: »Do animals commit suicide?«, *Discover*, Juli 2002, S. 12.

Seitenstechen
»Last Word«, *New Scientist*, 18. Oktober 1999, S. 57.
Villazon, Luis: »What causes a stitch«, *Focus*, September 2003, S. 57.

Tödliches Aspartam in Diätgetränken

»Kiss my Aspartame«, www.snopes.com/toxins/asparta-me.asp: Urban legends reference pages.
Zehetner, Anthony, & McLean, Mark: »Aspartame and the Internet«, *The Lancet*, Bd. 354, Juli 1999, S. 78.

Die Blackbox

Alpert, Mark: »A better Black Box«, *Scientific American*, September 2000, S. 78–79.
O'Brien, John: »FYI«, *Popular Science*, März 2002, S. 79.
www.howstuffworks.com/black-box.htm
www.ntsb.gov/Aviation/CVR_FDR.htm

Das Quaken der Ente macht kein Echo

»I'm a duck, me old cock sparrer«, *Sydney Morning Herald*, 5.–6. Mai 2004, S. 19.
Radford, Tim: »Scientist proves echo claim is just plain quackers«, *Sydney Morning Herald*, 18. September 2003.

Lichtanmachen schadet nicht

Mills, Evan: »Eleven energy myths: from efficient halogen lights to cleaning refrigerator coils«, *Science Beat*, Berkeley Lab, 24. April 2001.
Sydney Morning Herald, Good Weekend/Spectrum, 18. August 2003, S. 22.
www.lbl.gov/Science-Articles/Archive/energy-myths3.html

Katzenjahre

Brace, James J.: »Theories of ageing: an overview«, *Veterinary Clinics of North America: Small Animal Practice*, November 1981, S. 811–814.
Thrusfield, M. V.: »Demographic characteristics of the canine and feline populations of the UK in 1986«, *Journal of Small Animal Practice*, 1989, S. 76–80.

Im Bleistift ist kein Blei

»Graphite, Lead, Conrad Gesner«, Encyclopaedia Britannica (DVD), © 2004.

»How the lead gets into the pencil«, How Is It Done?, Readers Digest Association, London, UK, 1990, S. 13.

Binney, Ruth: The Origins of Everyday Things, Readers Digest Association, London, UK, 1998, S. 223.

Petroski, Henry: The Pencil: A History of Design and Circumstance, Alfred A. Knopf, New York, 1989

Milch erzeugt Schleim

Low, P. P., Rutherfurd, K. J., Gill, H. S. & Cross, M.: »Effect of dietary whey proteine concentrate on primary and secondary antibody responses in immunized BALB/c mice«, International Immunopharmacol, März 2003, S. 393–401.

Pinnoch, C. B., Graham, N. M., Mylvaganam, A. & Douglas, R. M.: »Relationship between milk intake and mucus production in adult volunteers challenged with rhinovirus-2«, American Review of Respiratory Diseases, Februar 1990, S. 352–356.

Pfusch bei Tampons

Haas, Dr. Earle: US-Patent Nr. 1 926 900, 12. September 1933.

Mikkelson, Barbara: »Asbestos in tampons«, Urban legends homepage: www.snopes.com/toxins/tampon.htm.

Hindenburg und Wasserstoff

»Hindenburg burns in Lakehurst crash: 21 known dead, 12 missing; 64 escape«, New York Times, 6. Mai 1937, S. 1.

Lemley, Brad: »Lovin' hydrogen«, Discover, November 2001, S. 53–58.

Krebs durch Antitranspirant
»Cancer myth dispelled«, New York Post, 16. Oktober 2002, S. 9.
»Dangerous personal care products?«, Choice, März 2004, S. 24–28.
»Study: Deodorants don't cause cancer«, USA Today, 16. Oktober 2002, S. 5.
Mirick, Dana K., Davis, Scott & Thomas, David B.: »Antiperspirant use and the risk of breast cancer«, Journal of the National Cancer Institute, Bd. 94, Nr. 20, S. 1578–1580.
Selinger, Ben: Chemistry in the Marketplace, Harcourt Brace & Company, Australia, 1998, S. 61, 119–121, 272.

Dinosaurier und Höhlenmenschen
Torok, Simon: Wow! Amazing Science Facts and Trivia, ABC Books, Sydney, Australien, 1999, S. 78.
Encyclopaedia Britannica (DVD), © 2004.

Wachstumsschübe
»Growth and development«, Nelson Textbook of Pediatrics, USA, 1987, S. 6–25.
»US study reveals surprise baby growth«, Sun-Herald, Sydney, 1. November 1992, S. 9.
Elliott, Dr. Elizabeth: »Out-of-date birth charts revamped«, Medical Observer, 21. Februar 1997, S. 22.
Heinrichs, Claudine, Munson, Pete J. & Counts, Debra R.: »Patterns of human growth«, Science, Bd. 268, 21. April 1995, S. 442–446.
Lampi, M., Veldhuis, J. D. & Johnson, M. L.: »Saltation and stasis: a model of human growth«, Science, Bd. 258, 30. Oktober 1992, S. 801–803.

Wahrheitsserum
»Use drug on al-Qaeda prisoners: ex-CIA chief«, Sydney Morning Herald, 27.–28. April 2002, S. 13.

»Project MKULTRA, the CIA's Program of Research in Behavioral Modification«, 1977 *Senate Hearing on MKULTRA: »Truth« Drugs in Interrogation*.

Nägel und Haare von Toten wachsen weiter
»Coffin Nails«, www.snopes.com/science/nailgrow.htm
Encyclopaedia Britannica (DVD), © 2004.

Mensch auf dem Mond – eine Fälschung
»Apollo Moon Landing – A resource for understanding the hoax claims: did man really walk on the moon?«, National Space Centre, UK: www.spacecentre.co.uk.
Matthews, Robert & Allen, Marcus: »Hot debate: did America go to the moon?«, *Focus*, Februar 2003, S. 73–76.

Kamelhöcker
Torok, Simon: *Wow! Amazing Science Facts and Trivia*, ABC Books, Sydney, Australien, 1999, S. 79.
Encyclopaedia Britannica (DVD), © 2004.

Waffenschalldämpfer
Huebner, Siegfried F.: *Silencers for Hand Firearms*, Pallandin Press, USA, 1976.
National Rifle Association of America, *NRA Firearms Fact Book*, 3. Auflage, USA, 1989.

Knöchelknacken und Arthritis
Brodeur, Raymond: »The audible release associated with joint manipulation«, *Journal of Manipulative and Physiological Therapies*, März/April 1995, S. 155–164.
Castellanos, Jorge & Axelrod, David: »Effects of habitual knuckle cracking on hand function«, *Annals of the Rheumatic Diseases*, Bd. 49, 1990, S. 308–309.
Unger, Donald L.: »Does knuckle cracking lead to arthritis of the knuckles?«, *Arthritis and Rheumatism*, Mai 1998, S. 949.

Der Fluch des Königs Tut

»Science out to bury curse of pharaohs«, *Sydney Morning Herald*, 15. September 2003, S. 8.

Marzuola, Carol: »Old legend dies hard«, *Science News*, Bd. 163, 18. Januar 2003, S. 45.

Nelson, Mark R.: »The mummy's curse: historical cohort study«, *British Medical Journal*, Bd. 325, 21.–28. Dezember 2002, S. 1482–1484.

Zombies

Caulfield, Catherine: »The chemistry of the living dead«, *New Scientist*, 15. Dezember 1983, S. 796.

Isbister, Geoffrey K. et al.: »Puffer fish poisoning: a potentially life-threatening condition«, *Medical Journal of Australia*, 2./16. Dezember 2002, S. 650–653.

Morgan, Adrian: »Who put the toad in toadstool«, *New Scientist*, 25. Dezember 1986/1. Januar 1987, S. 44–47.

Wallis, Claudia: »Zombies: do they exist?«, *Time*, 17. Oktober 1983, S. 36.

Geschirrspüler schlechtgemacht

»Dishwashing made easy«, *Choice*, Juni 2002, S. 38–41.

Binney, Ruth: »The origins of everyday things«, *Readers Digest*, London, UK, 1998, S. 39.

Panati, Charles: *Panati's Extraordinary Origins of Everyday Things*, Harper & Row, New York, USA, 1987, S. 103–104.

Aluminium und Alzheimer

Peder Flaten, Trond: »Aluminium as a risk factor in Alzheimer's disease, with emphasis on drinking water«, *Brain Research Bulletin*, 2001, Bd. 55, Nr. 2, S. 187–196.

Soni, Madhusudan G. et al.: »Safety evaluation of dietary aluminium«, *Regulatory Toxicology and Pharmacology*, 2001, Bd. 33, S. 66–69.

Encyclopaedia Britannica (DVD), © 2004.

Das Bermudadreieck

Gaddis, Vincent: »The Deadly Bermuda Triangle«, *Argosy*, Februar 1964.

US Department of the Navy – Naval Historical Center:
www.history.navy.mil/faqs/faq8-1.htm
www.history.navy.mil/faqs/faq8-2.htm
www.history.navy.mil/faqs/faq8-3.htm

Beten macht gesund

Harris, William S. et al.: »A randomized, controlled trial of the effects of remote, intercessory prayer on outcomes in patients admitted to the coronary care unit«, *Archives of Internal Medicine*, 15. Oktober 1999, S. 2273–2278.

Sloan, R. P., Bagiella, E. & Powell, T.: »Religion, spirituality and medicine«, *The Lancet*, 20. Februar 1999, S. 664–667.

Mikrowellen kochen von innen heraus

»Icy Sparks, the last word«, *New Scientist*, Nr. 2119, 31. Januar 1988, S. 65.

Panati, Charles: *Panati's Extraordinary Origins of Everyday Things*, Harper & Row, New York, USA, 1987, S. 125–126.

Schizophrenie und gespaltene Persönlichkeit

American Psychiatric Association: »Dissociative disorders«, *Diagnostic and Statistical Manual of Mental Disorders*, 4. Aufl., Washington, D. C., USA, 1994.

Campbell, P. Michelle: »The Diagnosis of multiple personality disorder: the debate among professionals«, *Der Zeitgeist: The Student Journal of Psychology*, www.ac.wwu.edu/~n9140024/CampbellPM.html.

Pendegrast, Mark: »Possessed by demons«, *New Scientist*, 4. Oktober 2003, S. 34–35.

Pyramidenbau

Almanac of the Uncanny, Readers Digest Pty Ltd., Sydney, Australien, 1995, S. 20–21.

»How the Great Pyramid was built«, *How Was It Done?*, Readers Digest Pty Ltd., 1995, S. 318–324.

McClintock, Jack: »Lost City«, *Discover*, Oktober 2001, S. 40–47, 89.

Morell, Virginia: »The Pyramid Builders«, *National Geographic*, November 2001, S. 78–99.

Astrologie

Gerrand, James: »Correspondence on astrology«, *The Skeptic*, Bd. 5, Nr. 1, S. 5–6.

Grey, William: »Belief in astrology – a national survey«, *The Skeptic*, Herbst 1992, S. 27–28.

McKerracher, Phillip: »Those who look to the stars have stars in their eyes«, *The Skeptic*, Bd. 3, Nr. 2, S. 1–3.

Plummer, Mark: »Reactions to astrology disclaimer«, *The Skeptic*, Bd. 5, Nr. 2, S. 6–7.

Vince Ford: »Astrology – the oldest con game (Part 1)«, *The Skeptic*, Bd. 5, Nr. 4, S. 8–12.

Wheeler, Anthony G.: »Astrology and religion«, *The Skeptic*, Bd. 4, Nr. 2, S. 3–4.

Williams, Barry: »Planetary influences (astrology)«, *The Skeptic*, Herbst 1992, S. 12–16.

Nutzen Sie Ihr Gehirn

»Brain Drain«, *New Scientist*, Nr. 2165, 19./26. Dezember 1998 – 2. Januar 1999, S. 85–86.

Radford, Benjamin: »We use only ten percent of our brains«, www.snopes.com/science/stats/10percnt.htm.

Sewell, R., Andrew, M. D.: »Ten per cent«, *Fortean Times*, März 2002, S. 54.

Plaskett, James: »Is your brain really necessary?«, *Fortean Times*, Februar 2002, S. 53.

Quantensprung

Encyclopaedia Britannica (DVD), © 2004.

Gribbin, John, & Chimsky, Mark: *Schrödinger's Kittens and the Search for Reality: Solving the Quantum Mysteries Tag*, Little, Brown and Company, Boston, USA, 1995.

Weiße Flecken auf den Fingernägeln

Baran, R. & Dawber, R. P. R.: *Diseases of the Nails and their Management*, Blackwell Scientific Publications, 1994, S. 75–76.

De Launey, W. E. & Land, W. A.: *Principles and Practice of Dermatology*, Butterworths, Sydney, Australien, 1984, S. 270–276.

Der Bibel-Code

Fortean Times, August 1998, S. 7.

Allen, T. W.: »Bible Codes etc.«, *The Skeptic*, Winter 2003, S. 65.

Bar-Hillel, Maya, Bar-Natan, Dror & McKay, Brendan: »The Torah codes: puzzle and solution«, *Chance*, Bd. 11, Nr. 2, 1998, S. 13–19.

Williams, Barry: »The Bible Code«, *Australasian Science*, September 2003, S. 46.

Schokolade macht Pickel

Cains, G. D.: »Acne vulgaris«, *MIMS Disease Index*, Intercontinental Medical Statistics (Australasia) Pty Ltd., 1991/92, S. 15–17.

De Launey, Wallace E.: *Principle and practice of dermatology*, Butterworths Pty Ltd., 1978, S. 84–89.

Mythen um die Geburt

Blau, J. N.: »Half-life of truth in medicine«, *The Lancet*, Bd. 351, 31. Januar 1998, S. 376.

Hall, John C. & Platell, Cameron: »Half-life of truth in surgical literature«, *The Lancet*, Bd. 350, 13. Dezember 1997, S. 1752.

Schaffir, John, M. D.: »Survey of folk beliefs about induction of labor«, BIRTH, Bd. 29, Nr. 1, März 2002, S. 47–51.

Poynard, Thierry, M. D. et al.: »Truth survival in clinical research: an evidence-based requiem?«, *Annals of Internal Medicine*, Bd. 136, Nr. 12, 18. Juni 2002, S. 888–895.

Uluru unter der Lupe

Sweet, I. P. & Crick, I. H.: »Uluru & Kata Tjuta: A Geological History«, Australian Geological Survey Organisation, AGPS, Canberra, Australien, 1994.

Typhoid Mary

Brooks, Janet: »The sad and tragic life of Typhoid Mary«, *Canadian Medical Association Journal*, 15. März 1996, S. 915–916.

Chin, James: »Typhoid fever«, *Control of Communicable Diseases Manual*, American Public Health Association, 17. Aufl., Washington, D. C., 2000, S. 535–540.

Finkbeiner, Ann K.: »Quite Contrary«, *The Sciences*, September/Oktober 1996, S. 38–43.

Hasian Jr., Marouf A.: »Power, medical knowledge, and the rhetorical invention of ›Typhoid Mary‹«, *Journal of Medical Humanities*, Bd. 21, Nr. 3, 2000, S. 123–139.

Mikkelson, Barbara: »Typhoid Mary«, Urban legends homepage: www.snopes.com/medical/diseases/typhoid.htm.

Einwegspiegel

American Heritage Dictionary of the English Language, 4. Aufl., 2000.

CD-SCHROTT

Fox, Barry: »Can CD companies stop the rot?«, *New Scientist*, Nr. 1902, 4. Dezember 1993, S. 19.

Hillenbrand, Barry: »The sumo halls are alive«, *Time*, 9. März 1992, S. 56.

21 Gramm

»Soul has weight physician thinks«, *New York Times*, 11. März 1907, S. 5.

»Soul Man«, www.snopes.com/religion/soulweight.asp.

MacDougall, Duncan, M.D.: »The Soul: Hypothesis concerning soul substance together with experimental evidence of the existence of such substance«, *American Medicine*, April 1907.

Zerebralparese und Geburt

MacLennan, Alastair: »A template for defining a causal relation between acute intrapartum events and cerebral palsy: international consensus statement«, *British Medical Journal*, Bd. 319, 16. Oktober 1999, S. 1054–1059.

Motluk, Alison: »Inflammation may cause cerebral palsy«, *New Scientist*, Nr. 2182, 17. April 1999, S. 21.

Seppa, N.: »Infections may underlie cerebral palsy«, *Science News*, Bd. 154, Nr. 16, 17. Oktober 1998, S. 244.

American College of Obstetricians, Gynecology & American Academy of Pediatrics: »Neonatal Encephalopathy and Cerebral Palsy: Defining the Pathogenesis and Pathophysiology«, *ACOG Task Force Report*, USA, Januar 2003.